千年の命
巨樹・巨木を巡る

高橋　弘
Takahashi Hiroshi

新日本出版社

はじめに

　巨樹を撮影し始めて、早いもので28年目となる。
　現在までに幹周5m以上の、いわゆる巨樹と呼ばれるものを全国で3300本ほど巡ってきた。
　巡り始めた当時の巨樹の資料は環境省のデータベース資料と、八木下弘氏の著書「巨樹」くらいしかない時代だった。環境省資料の3次メッシュコード解読には苦労し、一日中地図とのにらめっこが続くこともあった。当時知り合った巨樹の会主宰、巨樹画家の平岡忠夫氏と情報交換したりして、週末ともなると巨樹を探しに必死になって走り回っていた。平岡氏とともに御蔵島の大ジイや秋田県白岩岳のブナ、大井沢のクリ、朝日のクロベなどを新たに確認し、歓喜した瞬間は今でも鮮烈に記憶に残っている。
　現在ではインターネットによって、検索するとほぼすべての巨樹が探し出せる便利な時代になり、巨樹を巡り始めた頃とは隔世の感がある。
　2001年当時、勤めていた写真関連の会社が解散することとなり職を失い、3年ほどアルバイトで食いつないでいた際に、今の職場から声が掛かった。
　それまでは必死になってデータベースの分厚い本をめくりつつ、巨樹の在処を探して遠征する立場の人間だった私だが、その職場は私が勤務を始めた翌年から、なんと環境省のデータベースを管理する作業を請け負うこととなったのだ。
　これは偶然にしてはあまりにもできすぎ、宝くじに当たる確率よりも明らかに低いと思われる。そんな奇跡のような仕事が待ち受けていたのである。
　これは、巨樹が導いてくれたとしか思えない、そんな奇跡の体験であった。
　神様が、「おまえは一生かけて巨樹と関わっていきなさい」、そう仕向けてくれたものと今では思っている。

　今回の本、初期の企画段階では樹種別にスギ10本、クスノキ10本、シイノキ5本というように本数を設定しようとしたのだが、取り上げたい巨木を選別する段階で、この考えはもろくも破綻し

てしまった。地域ごとにある程度の本数は確保するのはもちろんだが、どうしても思い入れのある木も数多く、型にはめるのは無理だとの結論に達してしまった次第である。
　取捨選択の際に、当落線上の巨樹で泣く泣く掲載を見送った木も多数あり、写真が芳しくなく、掲載に耐えられない巨樹もあったのは、その巨樹に対して大変申し訳なく思う。
　市町村で公開は控えて欲しいと要請されている木も数本あり、樹種別日本一の木も数本存在するが、こちらも残念ではあるが掲載を見送った。
　長年巨樹を撮影していると、当然ながら枯死したもの、まだ生きてはいるものの衰弱してしまったもの、枝を失い樹形が著しく損なわれたものなども数多く、10本ほど取り上げることができなくなった巨樹もあった。
　そんな状況下で、今までに私が見てきた巨樹の中で、自信をもってお勧めできる巨樹を選び出しまとめたものが、今回の本である。

　近年、3度目4度目というように複数回訪問する木も増えていった。かつては駐車場所にも困るような巨木がほとんどであったが、最近は立派な駐車場ができていることが多くなった。
　巨木を大切にしなきゃならないという考えが浸透したのも確かだが、町ぐるみでの保護の対象として大切にされるようになったと肌で感じるのは嬉しいこと。
　なかには巨樹を中心として、公園として整備されたものも少なくなく、日本中でこうした意識が浸透し、国民全体の文化度が向上してきたのも嬉しい限りだ。
　是非、この本を持参して、全国の巨樹たちと実際に出会って、見て、触れて、感じて欲しい。写真では伝わらない、生の巨樹の魅力を全身で感じ取れることだろう。
　この本が、読者皆様のお役に立てば幸いです。

※幹周、樹高のデータは、筆者が実測した数値。樹齢は各種資料による。括弧内のものは、それぞれの出典の数値。

もくじ

はじめに 2

銀杏、公孫樹（イチョウ）

北金ヶ沢のイチョウ（青森） 8
神戸のイチョウ（長野） 10
銀南木の子安イチョウ（青森） 12
正法寺の大銀杏（埼玉） 14
菩提寺のイチョウ（岡山） 16
上日寺のイチョウ（富山） 18
銀杏木窪のイチョウの木（青森） 19
伊影山神社のイチョウ（石川） 20
上名のイチョウ（徳島） 21
二又神社の銀杏の木（大分） 22

桂（カツラ）

権現山の大カツラ（山形） 24
糸井の大カツラ（兵庫） 26
門田の大かつら（島根） 28
森の神様（北海道） 30
鳥海の千本カツラ（秋田） 32
加蘇山の千本かつら（栃木） 33
別宮の大カツラ（兵庫） 34
和池の大カツラ（兵庫） 35
落河内のカツラ（鳥取） 36

杉（スギ）

縄文杉（鹿児島） 38

吉村家跡防風林（奈良） 40
杉沢の大杉（福島） 42
千手観音杉〈おばけ杉〉（静岡） 44
岩屋の大杉（福井） 46
石徹白の大杉（岐阜） 48
杉の大スギ（高知） 50
山五十川の玉杉（山形） 52
高森殿の杉（熊本） 54
清澄の大スギ（千葉） 56
中川の箒スギ（神奈川） 57
三川の将軍杉（新潟） 58
洞杉（富山） 59
岩倉の乳房杉（島根） 60
八村杉（宮崎） 61
尾八重の一本杉（宮崎） 62

楠、樟（クスノキ）

蒲生の大クス（鹿児島） 64
寂心さんのクス（熊本） 66
本庄の大クス（福岡） 68
衣掛の森　湯蓋の森（福岡） 70
加茂の大クス（徳島） 72
川棚のクスの森（山口） 74
清田のクス（愛知） 76
引作の大楠（三重） 78
志々島の大クス（香川） 80
阿豆佐和気神社の大クス
　〈来宮神社の大クス〉（静岡） 82
薫蓋樟（大阪） 83

水屋の大クス（三重） *84*
大谷のクス（高知） *85*
武雄の大楠（佐賀） *86*
川古のクス（佐賀） *87*
塚崎のクス（鹿児島） *88*

欅、槻（ケヤキ）

東根の大ケヤキ（山形） *90*
猿喰のケヤキ（茨城） *92*
根古屋神社のケヤキ（山梨） *94*
野間の大ケヤキ（大阪） *96*
竹の熊の大ケヤキ（熊本） *98*
菅山寺のケヤキ（滋賀） *99*
男池のケヤキ（大分） *100*

お勧め巨木広葉樹

桜（サクラ）／栃、橡（トチノキ）／
榕（アコウ）／楓（カエデ）／
椨（タブノキ）／山毛欅、橅（ブナ）／
先島蘇芳木（サキシマスオウノキ）／
椎木（シイノキ）

三春滝桜（福島） *102*
吉高の桜（千葉） *104*
山高神代桜（山梨） *106*
醍醐桜（岡山） *108*
太田の大トチノキ（石川） *110*
君尾山のトチノキ（京都） *112*
産湯のアコウ（和歌山） *114*

松尾のアコウ（高知） *116*
西善寺のコミネカエデ（埼玉） *118*
波崎の大タブ（茨城） *120*
森の神〈ブナ〉（青森） *122*
仲間川のサキシマスオウノキ（沖縄） *124*
称名寺のシイノキ（宮城） *126*
安久山のシイ（千葉） *128*
御蔵島の大ジイ（東京） *130*
志多備神社のスダジイ（島根） *132*

お勧め巨木針葉樹

樅（モミ）／柏槇（ビャクシン）／
一位、櫟（イチイ）／檜翌檜（ヒノキアスナロ）／
椹（サワラ）／榧（カヤ）／黒檜（クロベ）／
松（マツ）／檜（ヒノキ）

轟石のモミ（群馬） *134*
追手神社の千年モミ（兵庫） *136*
沼のビャクシン（千葉） *138*
宝生院のシンパク〈ビャクシン〉（香川） *140*
黄金水松〈イチイ〉（北海道） *142*
喜良市の十二本ヤス
　〈ヒノキアスナロ〉（青森） *144*
沢尻の大ヒノキ〈サワラ〉（福島） *146*
西平のカヤ（埼玉） *148*
平湯大ネズコ〈クロベ〉（岐阜） *150*
地蔵大マツ（三重） *152*
大久保の大ヒノキ（宮崎） *154*

あとがき *156*

装丁／本文デザイン　宮川和夫

銀杏、公孫樹
（イチョウ）

北金ヶ沢のイチョウ　国指定天然記念物
きたかねがさわ

青森県西津軽郡深浦町北金ヶ沢塩見形356
幹周18.8m　　樹高33m　　樹齢1000年

　押しも押されもせぬ日本で最大となる巨樹といっても差し支えないであろう。よく比較される日本最大の幹周をもつとされる鹿児島県の蒲生の大クス、こちらはクスノキ独特の根を広大に張る樹形であり、ある意味根の部分を測っている幹の太さともいえる。北金ヶ沢のイチョウは、地際より上部の方が太くなるような樹形で立ち上がっており、見た目の太さと迫力はこちらがはるかに上回る。まさに木の壁が目の前に立ちはだかるといった表現が正しいだろうか。
　別命を「垂乳根のイチョウ」ともいい、無数の乳房状の気根が垂れ下がり、中には幹に飲み込まれているもの、地面に突き刺さり幹へと変化途上のものなど、イチョウの独特な成長過程が

見られるのも興味深い。かつては乳の出ない母親たちが、幹から無数に垂れ下がる気根を削り取り、必死の思いで煎じて服用していた時代もあったのだ。

　近年では、黄葉時にはネットでのライブ中継、夜間のライトアップも行われており、白神山地とともに、深浦町の観光スポットとしても定着したようだ。

　中国原産といわれるイチョウ。樹齢数百年を経たイチョウは中国周辺の東アジアに限られており、中国、韓国にこれ以上のイチョウの報告は聞いたことがなく、おそらく世界一のイチョウであろうと思われる。

神戸のイチョウ　長野県指定天然記念物

ごうど

長野県飯山市瑞穂神戸
幹周14.6m　　樹高37m　　樹齢・伝承1500年

　私の実測値では全国で3位に位置するイチョウである。おそらく2本からなる合体木で、樹勢がすこぶる旺盛で、根元に立つと陽射しがさえぎられ薄暗いほどの葉の茂り具合である。例年11月後半の黄葉時にはライトアップも施され、去りゆく秋を集落全体で偲ぶのだという。

　また、落葉が数日中に終わると一挙に積雪、一週間ほどかけてゆっくり落葉すると積雪もゆっくり来るといわれ、雪だめしの樹とも呼ばれている。
　雄株のイチョウなのだが、ひとつだけ銀杏(ぎんなん)を実らせることがあるのだという。当然、それを手に入れたものは幸運が訪れるといわれているらしい。イチョウには変種が多く、葉の上に銀杏を結実するオハツキ、葉が漏斗状になるラッパイチョウ、一本の枝にだけ銀杏が付いたりする個体とか、風変わりなイチョウも全国に数多く、神戸のイチョウもその仲間なのかも知れない。
　枝から多くの気根(きこん)が乳房のように垂れ下がる姿から、母親が乳の出を祈願する風習が伝わっている。長野県では最大の幹周を誇る巨樹である。

銀南木の子安イチョウ _{青森県指定天然記念物}

青森県上北郡七戸町銀南木
幹周12.12m　　樹高25m　　樹齢750年

　25年ほど前、初めて本樹と出会ったときは上部の枝はことごとく枯れており、おい先長くはないかと危惧していたイチョウの木であった。当時は、ただただ巨樹に巡り会えるのが楽しみだった時期で、イチョウの驚異的な生命力についてはまだ無知だった頃の話である。
　現在ではすっかり樹勢を取り戻し、枯れ枝も目立たなくなってきた。枝が地面に垂れて地面に触れ、そこから新たな株として立ち上がっているものもあり、あらためてイチョウの生命力の強さには驚かされるばかりだ。
　幹は自らの重さに耐えきれずに割れてしまった痕跡も残っており、真っ直ぐ下垂するはずの気根が、不自然に斜めになっていることからもうかがい知ることができる。
　何度めかの訪問の際、落葉でできあがった一面の黄色の絨毯の上に珍しいラッパ状の葉を数葉発見。ラッパの葉の発生率は多くないかも知れないが、ラッパイチョウであることも確認できたことは嬉しさもひとしおであった。
　地元では独自の呼び名はなく、「イチョウの木」として呼び親しんでいるそうだ。

正法寺の大銀杏
しょうぼうじ　　　　おおいちょう

東松山市指定天然記念物

埼玉県東松山市岩殿1229
幹周10.9m　　樹高31m　　樹齢300年以上

　東松山市西部、関東平野が終わり武蔵野丘陵として標高をかせぎ始める、ちょうどその境界点に正法寺がある。正法寺は板東33観音霊場の第10番札所で、古来より信仰を集め一般には岩殿観音として知られている。現在でも、仁王門までは門前町の面影を良く残しており、歴史に興味のある方には絶好の散策スポット。
　イチョウは本堂左手に大きな岩を抱えて立っている。人の手によって岩の上に寄せ植えされたものと思われるが、土砂が流失して根元が２mほど高く露出している。現在、根は地面まで届き岩を抱えたため安定感があるが、若木の頃には、よくぞ倒れずにここまで無事に生長したものと感心する。
　その根の荒ぶる表情は日本中のどのイチョウよりも凄まじく、まるで無数のヘビが絡み合っているようなおどろおどろしい表情を見せる。12月初旬に黄葉の昇頃を迎えるが、イチョウは木自体のスケールが大きいので、その圧倒的なスケールと黄色の鮮やかさは実に見事だ。
　正法寺境内にはモミジの大木もあり、赤と黄色の鮮やかな紅葉の共演も見どころのひとつだ。

菩提寺のイチョウ　　国指定天然記念物
(ぼだいじ)

岡山県勝田郡奈義町高円
幹周11.9m　　樹高30m　　樹齢・推定900年

　那岐山中腹、標高約600mの菩提寺境内にそびえる雄株のイチョウの巨樹。中国地方では最大のイチョウの巨樹であろう。菩提寺は、浄土宗の開祖・法然上人が9歳から13歳まで修行を積んだ地であり、イチョウも法然上人の杖が根付いたものと伝えられている。以前は無住の寺院で境内も荒れ放題であったが、近年は整備も行き届き駐車場やトイレも完備され、イチョウの保護の状況

も素晴らしい。
　気根の発達も素晴らしく、太い横枝から鍾乳石のように垂れ下がる無数の気根は圧巻で、まるで一つひとつの気根が意思を持って生長しているかのようである。この気根は普通「乳」「おっぱい」などと表現されることが多いが、ここ奈義町では「擂木」と呼ばれるという。擂木とはスリコギのことで、確かに言い得て妙な表現である。
　毎年11月中〜後半に黄葉の見頃をむかえ、2012年からは見頃の時期に合わせてライトアップも始まった。闇夜の中にぽっかりと浮かぶ幻想的なイチョウ、きっと忘れられない経験となることだろう。

上日寺のイチョウ　　国指定天然記念物

富山県氷見市朝日本町16番8号
幹周11.7m　　樹高22m
樹齢・伝承1300年

　銀杏に養分をとられてしまうイチョウの雌株。雄株に比べて若干大きさは劣るのが常である。そんな雌株のイチョウの中で、愛媛県の「乳出の大イチョウ」とならび最大にまで発達したイチョウの一本といえるだろうか。

　大きさが大きさであるから銀杏の実る量も尋常ではないそうで、180リットルほどの収穫があるという。幹のいたるところから乳が垂れ下がっており、昔から「乳銀杏」として親しまれてきた歴史があり、乳の出の思わしくない母親は、この木の乳を削り取り煎じて服用したそうである。

　以前は40mちかくあった樹高も、20年ほど前に頭頂部が折れてしまい、樹形がこぢんまりとしてしまったのは残念である。道をはさんで向かいには湧水でできた行田池があり、豊富な地下水をイチョウにも提供してくれているようで、これだけの大イチョウになった陰の立て役者であろうか。

　イチョウが初めて日本に入ってきたのは700年ほど前とされており、表記の樹齢ほどの年月は経てないと思われるが、それでも日本で最長寿のイチョウの一本であることにちがいはないだろう。

銀杏木窪のイチョウの木 階上町指定天然記念物

青森県三戸郡階上町道仏銀杏木窪
幹周13.14m　　樹高27m　　樹齢1000年

　実はこのイチョウ、数年前までは名無しのイチョウであった。地元の方は「イチョウの木」と呼んでおり、ちょっと大きめのイチョウ程度にしか考えていなかったのかも知れない。
　ようやく10年ほど前、階上町の文化財指定を受ける際に現在の名称が決まったのだが、役場の担当者と私が相談の上、現在の名称に決まった経緯がある。
　全国各地のイチョウの中でも樹形の良さでは出色の一本であったが、2011年の大風によって気根を垂らした大枝が折れてしまった。折れた大枝は、現在もそのままの状態にされており、あえて人の手は入れていないように感じられる。
　しかし、そこは生命力旺盛なイチョウのこと、折れた枝は枯れずに新たな芽を吹き出してきている状態。数百年後には、折れた枝から生長した枝たちが癒着しつつ生長し、ついには主幹にまで到達したならば、それこそとんでもない規模をもつイチョウになることも予想される。私が生きている間に見ることは叶わないが、どのような生長を見せてくれるのか期待して待つことにしたい。

伊影山神社のイチョウ　<small>石川県指定天然記念物</small>

石川県七尾市庵町ケの部6の2
幹周11.4m　　樹高25m　　樹齢不明

　イチョウは700年前に日本に入ってきた樹木とされ、そのほとんどが人の手によって植えられたために、街中や神社仏閣など、人の行動範囲の中に育っているものがほとんどである。しかし、能登半島の伊影山のある崎山地域を中心とした地域には、どういうわけか野生化したイチョウが数多く確認されており、その野生化したイチョウの中でも最大なのが伊影山神社のイチョウである。

　伊影山神社のイチョウは百海集落から約20分ほど歩いた伊影山の中腹にあり、街中のイチョウには見られない野生児、あるいは野武士の姿をしているかのような個体だ。ヒコバエも枝の生長もなすがままの状態で、お世辞にも見栄えが良いとは言い難い樹姿である。しかし普段我々が見ているイチョウとは異なり、まったく人との共生を受け付けてこなかったイチョウ、その存在感と生命力は他では見ることのできない迫力である。

　里にある生育環境に恵まれたイチョウと異なり、銀杏の量も多くないようだ。人の手をまったく借りずに、自らが生きるためのエネルギーを絞り出しながら、必死の形相で生き続けているようにも感じる。

上名のイチョウ
（かみみょう）

徳島県三好市山城町上名
幹周11.4m　　樹高29m　　樹齢550年

　大歩危小歩危をはるか下に見おろす山の中腹にある、まだあまり知られていない雌株のイチョウの巨樹。イチョウからは素晴らしい眺望が得られ、土讃本線を走る気動車が、まるで鉄道模型のように動いているのが眺められる。昭和中期の資料（日本老樹名木天然記念物）には掲載されているが、現在では忘れ去られた存在なのか、環境省のデータベースからも漏れてしまっている。雌株のイチョウとしては全国最大クラスであるが、保護指定もされていないようである。

　国道32号線から分かれ、離合不可能のつづら折れの急坂を上ると、山頂近くにイチョウの姿が見えてくる。付近には民家も多数あり、後宇多天皇により建立されたという持性院も近くにあるが、このイチョウを訪れる人はまばらだ。

　雌株であることもあってか、気根の発達はあまり見られない。茶畑の広がる急傾斜地にあるが、根元周辺は綺麗に整理されており、このイチョウ目的で訪れる方への配慮が嬉しい。このイチョウは地元住民の誇りでもあり、心の拠り所でもあるのだろう。

二又神社の銀杏の木

日田市指定天然記念物

大分県日田市中津江村栃野
幹周9.35m　　樹高24m　　樹齢600年

　現在は日田市になったが旧中津江村の二又地区にあり、環境省のデータベースからは漏れてしまっているイチョウの巨樹。熊本県との県境である人造湖の峰の巣湖湖尻あたり、国道442号線から別れを告げ北に折れ、つづら折りのカーブを登り切ると二又の集落に出る。山の南斜面に作られた集落で、意外なほど明るい開けた集落の出現である。集落の最奥部の二又神社境内にイチョウは立っている。

　お世辞にも広いとはいえない境内は綺麗に掃除が行き届いており、イチョウの根元も綺麗に保たれており、ご神木として大切にされていることをうかがい知ることができる。少々根上がりが見られるも樹勢は旺盛、数本のヒコバエを従え南側へ幹を傾けつつ成長する姿はなかなかの美形である。

　私が訪問したのは霜が降りる寒い冬の朝。太陽が昇るとともに棚田からはもうもうと水蒸気が上がり、神社境内を覆う幻想的な朝であった。かじかむ手を息で温めながら撮影していたのを昨日のように思い出す。

　全国2位となる熊本県の福城寺の大イチョウも私が現地調査し、環境省のデータベースに登録するまではほぼ無名の存在だった。全国各地には、素晴らしいイチョウでありながら世に出ていないイチョウがまだまだ存在している気がする。

桂
（カツラ）

権現山の大カツラ

山形県最上郡最上町
幹周18.4m　　樹高38m　　樹齢・推定600年

　2000年に行われた環境省「巨樹・巨木林調査」において、最上地方の山中に驚くべきカツラの巨木が報告された。最近では都会の公園や並木に植えられ、目にすることが多くなったカツラである。基本的には深山に生育する木で、沢沿いの湿潤な立地を好む樹木である。
　権現山の大カツラも例に漏れず、山形県最上町の北部、権現山の頂上近くの急斜面にひっそりとたたずんでいるのを確認されたのだ。カツラへの道は険しく、林道の入り口からいきなり急斜面が続き、沢筋の踏み跡をあえぎながらたどること約45分、急に視界が開けると同時に巨大なカツラが目の前に現れる。その大きさには誰しもが度肝を抜かされるだろう。幹の表面は長い年月によって深い皺が刻み込まれており、見る方向によっては屋久島の縄文杉を彷彿させるようだ。
　幹は2本に分かれて成長しているが、中心部は大きな空洞も抱えており、人が入れるほどの大きさだ。いまだ主幹がしっかりとしているのもカツラとしては珍しい存在で、東北・北海道にはまだ発見されていない未知のカツラが、たくさん眠っているような気がしてならない昨今である。

糸井の大カツラ　　国指定天然記念物

兵庫県朝来市和田山町竹ノ内
幹周19.55m　　樹高36m　　樹齢2000年

　現時点では、おそらく日本最大の幹周をもつであろうと思われるカツラの巨樹。糸井渓谷のもっとも奥にある竹ノ内集落から、4kmほど糸井川の源流にさかのぼると大カツラに出会える。
　主幹はすでに朽ち果て、多数のヒコバエの成長により樹形を保っている状態で、カツラとしては非常に端正な樹形を保っている。すぐそばを流れる糸井川の度重なる氾濫に耐え抜き、根は洗い出されて露出し、下流川に十数メートルも伸びている。主幹のあったであろう中心部にはぽっかりとした空間があり、上を見上げると多数のヒコバエが争うように高さを競う様が目に入り、

　不思議な気持ちにさせられる空間だ。
　カツラの周囲はきれいに整備され、ベンチやトイレまで設置されている。根元付近の下草刈りも定期的に行われており、充実した管理体制には感謝の気持ちで一杯だ。
　かつて、この地が干ばつに見舞われた際、ある高僧がこの木に法衣をかけて雨乞いを祈願し、干ばつから救ったと伝えられており、現在でも衣木(ころもぎ)と呼ばれ、神木としてあがめられている。

門田の大かつら　　<small>浜田市名木</small>

島根県浜田市弥栄町門田
幹周14.70m　　樹高29m　　樹齢1000年

　2010（平成22）年のこと、私の職場でもある全国巨樹・巨木林の会巨樹情報センターに、島根県浜田市在住の方から、地元に巨大なカツラがあると連絡をいただいた。すぐさま現地へ飛び調査を行ったところ、大きな2株の株立ちのカツラで、大きな方は幹周14.7m、小さな株が幹周11.4mであった。ほとんど癒着に近い状態であるため、見る方向によっては一本にも見え、その巨大さは今まで見たどんな巨樹よりも巨大なものであった。
　一時期、周辺の森は荒れ果て、道もわからなくなるほどであったといわれるが、2008（平成20）

　年に地元の方々によって再び道が開かれ、再び元気な姿を見られるようになったのだという。
　山陰では最大のカツラであるのはもちろんのこと、全国でも最大クラスのカツラの巨樹であろう。アクセスも比較的容易で、徒歩5分ほどでカツラの根元に立てる。カツラの周囲にはチェンソーで作られたクマやフクロウのチェンソーアートが置かれており、心を和ませてくれる。地元の方々のおもてなしの気持ちがひしひしと伝わってきて、とても心地よいひとときを過ごさせていただいた。

森の神様 <small>森の巨人たち100選</small>

<small>もり かみさま</small>

北海道上川郡美瑛町忠別上川中部森林管理署署内国有林353林班ぬ小班
幹周12.0m 　　樹高23m 　　樹齢900年

　北海道のほぼ中央部、大雪山西麓にたたずむカツラの巨樹。北海道では開拓により大面積の森林が伐採されたが、もともとスギやケヤキなどの巨木となる樹種の自生は少なかったため、本州以南と比べると幹周10m以上もある巨樹の数も限定的だったと思われる。
　しかし、カツラは北海道でも自生していたため、開拓から逃れることができた地には現在でもカツラの巨樹は多く残っている。その代表格が大雪山の山懐、美瑛町の森の神様である。
　大雪山に源流を持ち、人跡未踏の中を流れ下ってきた忠別川がようやく人里に遭遇するあた

　り、原始の森の中にカツラの巨樹たちがひっそりと息づいているのだ。その中で最も大きなものが、この森の神様だ。忠別川の氾濫原に生育しており、周辺はほとんど平坦な地形。いかにも湿潤な雰囲気でカツラの生育には最適の地である。
　原生林の中に一本だけ飛び抜けて大きな体躯(たいく)を誇って鎮座しており、古くより畏敬の念をもって祀(まつ)られてきたものといえるだろう。北海道の森林には、まだ見ぬ巨大カツラが数多く眠っていると思われる。

鳥海の千本カツラ

秋田県指定天然記念物

秋田県由利本荘市鳥海町栗沢字内通
幹周17.60m　　樹高40m　　樹齢800年

　東北の名峰、鳥海山の北東麓の台地上に生育する巨大カツラ。付近は平家の落人伝説も残る自然豊かな地。カツラは樹齢800年ともいわれる老樹で、主幹はすでに失われ多数の幹の集合で形作られており、千本カツラと呼ばれている。

　また、多数の幹が絡まり合い、あたかもヘビを連想させるところから「蛇喰の千本カツラ」と呼ばれることもあるとか。一本のカツラだけで、あたかも森を形作っているかのような繁茂ぶりは迫力満点だ。

　1990（平成2）年には「新・日本名木100選」にも選出され、その名を全国に知られることとなった。東北のカツラの巨樹としてはアクセスも比較的容易で、子どもからご年配の方までお勧めできるカツラの一本であろう。

　春にはカタクリなども咲き誇り、眼前には出羽富士とも呼ばれる雄大な鳥海山の優美な姿も眺めることができる桃源郷のような地である。アクセスのための道路も整備され、比較的気軽に訪問できるようになったのはうれしい限りだ。

加蘇山の千本かつら

栃木県指定天然記念物

栃木県鹿沼市上久我3440
幹周8.25m＋6.20m　　樹高38m　　樹齢1000年

　古い大スギが林立する加蘇山神社の本殿の脇から、奥の院へ通じる参道を登る途中に現れるカツラの巨樹。
　登山道脇に現れる滝やスギの巨木などを見ながら進むこと約30分、東屋を過ぎ沢の中へと続く道に変化すると間もなく、千本かつらが登山道をさえぎるような形で現れる。２本が寄り添うように生長する姿から、古くから縁むすびの神木として信仰されている。
　山頂から続く急峻な沢の中に立っているといっても決して過言ではなく、幾度となく襲ったであろう鉄砲水からも堪え忍んで現在の姿になったのだと思われる。樹皮はボロボロで全身苔生しており、急流に洗い流されるために根元のヒコバエも目立たず、全身苔生した姿は見るものに感動をあたえてくれる。
　幹はほぼ真っ直ぐ伸びた直幹を持ち、樹高も38mとかなりの高さをもっている。谷間にあることから強風の影響などから逃れてきた証明であろうか。時は流れ、現在でも加蘇山へ参拝する方へ安らぎを与えてくれる格好の休憩場所となっているようである。

別宮の大カツラ

兵庫県指定天然記念物

兵庫県養父市別宮中畑
幹周15.06m　　樹高30m　　樹齢400年

　別宮の大カツラは標高730mの高原にあり、眼下には日本の原風景でもある棚田が広がり、その先には中国地方の名峰氷ノ山が見渡せる素晴らしい場所に位置するカツラである。カツラは緩傾斜地の南向き斜面に立っており、道路から見上げるとさえぎるものも無く、カツラの自由奔放に広げた雄大な半円形の樹冠を見ることができる。
　すでに主幹は失われており、多数のヒコバエが成長し、たがいに癒着してひとつの樹形を作り上げている状態。カツラの古木では普通に見られる姿である。根元付近は湧水の密集地であるかのごとく、融雪時期や梅雨時期には幾筋もの水の流れがカツラの根を洗う状態。この湧水が眼下に広がる棚田を潤している陰の立役者でもあるのだ。カツラに近寄る際も、小さな水の流れをポンッとばかりに飛び越えなくてはならない。
　別宮の棚田目的で訪れるカメラマンが多いようで、カツラから湧き出る水を汲みに来る方の姿も見受けられる。2005（平成17）年度に鉢伏高原に向かう道にそって駐車場やトイレ、ベンチも備えた別宮の大カツラ公園が整備され、ますます利便性がよくなった。

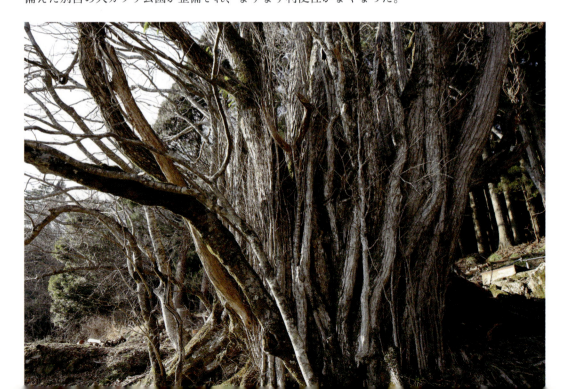

和池の大カツラ 兵庫県指定天然記念物

兵庫県美方郡香美町村岡区和池
幹周15.35m　　樹高39m　　樹齢1000年とも

　兵庫県の北部、香美町の但馬高原植物園内にある雌株のカツラの巨樹。
　このカツラの上流から1日約5000トンもの湧水があり、高坂川の源流となる幅1mほどの流れとなりカツラへと流れ下っている。普通は流れの脇に生長するカツラであるが、何を迷ったか流れを跨いでしまっているのだ。どのようにして川の流れを跨いでしまったのか、あれこれと想像を巡らせるが答えは出ずじまいだ。ここまで水と一体化した樹木の姿に出会えることは珍しく、とても貴重な存在であり、誰しもが驚きを隠せないであろう。
　主幹はすでに失われており、周囲に成長する大きな枝もかなり失われているようだが、樹高も高く勢いはまだまだ旺盛な様子だ。根元まで通じる木道の終点には水飲み場が設置され、「かつらの千年水」として平成の名水百選にも選ばれた。また近くを通る道路にも「カツラの千年水」としてスタンドが設置され、手軽に自然の恵みを味わうことができる。
　見学には但馬高原植物園に入園する必要があり、あわせて見学するとよいだろう。

落河内のカツラ　　鳥取県指定天然記念物

<small>おちがこうち</small>

鳥取県鳥取市河原町北村字倉房588
幹周13.3m　　樹高25m　　樹齢1000年

　鳥取県では最大となる巨木で、鳥取市河原町から三朝温泉へ抜ける林道沿いに立っている雌株のカツラの巨樹。20年ほど前に一度訪問して以来、2度目の訪問だったが、20年という時間が樹勢をそいでしまったように感じられた。
　以前は大きく手を広げるように伸びていた横枝も枯れてしまい、根元に転がって放置されたまま。少々こぢんまりとしてしまったかのような印象だ。しかし、山陰の名木であることに変わりはなく、未だ躍動感ある樹形は保ち続けている。幹には立派なしめ縄も張られ、地元では「山の神」とあがめられ大切にされているという。
　カツラの老樹によく見られる、ヒコバエの集合体へ移行する時期にさしかかっているのかも知れない。もしそうであるならば心配は杞憂に終わりそうで、再び樹勢を盛り返す時期がやってくるであろう。カツラ周辺の樹木は伐採され、夏には一面のシダで覆われ、いかにも湿潤な雰囲気でカツラの生育には好条件の場所。根元にも結構な水量の小川が流れ、カツラの根を直接洗っている状態だ。
　この小川こそが、落河内のカツラをここまで大きく育ててくれた生命の源でもある。

杉
（スギ）

縄文杉
じょうもんすぎ

国指定特別天然記念物

鹿児島県熊毛郡屋久島町
幹周16.1m　　樹高30m　　樹齢2000年以上　　（環境省値）

　巨樹といえば「縄文杉」といわれるまでに有名となってしまい、今や日本の巨樹の代名詞といってしまっても過言ではないだろう。縄文杉が確認されたのは、50年ほど前の1966（昭和41）年のことになる。この節くれ立った姿のために材には適さないと判断され、奇跡的に伐採されずに残った事を忘れてはならないだろう。
　発見当初、樹齢は7200年とされたが、現在では放射性炭素年代測定などの手法で樹齢が測定され、2500年前後であろうとの見解が多いようだ。
　近年、根元を保護する目的で展望台が設置されたため、直接幹に触れることは叶（かな）わなくなったのは至極残念。観光客たちは期待に胸躍らせながら展望台の階段を一歩一歩踏みしめながら対面することとなる。
　夢にまで見た縄文杉との対面に感極まって泣き出す方、口をぽかんと開けたまま呆然（ぼうぜん）と立ちつくす方、感動の表現方法は人それぞれだが、その感動は縄文杉の素晴らしさだけから来るものではなく、苦労して登ってきたゆえに、自分自身の内部からもやり遂げたという達成感とあいまって、より深い感動が起こっているようである。

吉村家跡防風林
（よしむらけあとぼうふうりん）

奈良県吉野郡十津川村三浦
幹周7.80m　　樹高28m　　樹齢500年

　紀伊半島のほぼ中央部、高野山から熊野本宮大社に至る熊野古道のひとつ、小辺路（こへち）沿いにあるスギの巨樹。熊野古道が世界遺産に指定され今でこそ注目が集まっているが、小辺路は昭和30年代にはほとんど人の往来もなくなり利用されなくなっていった歩道。

　五百瀬（いもぜ）集落から三浦峠への小辺路を登ると、数軒の民家と、もう耕されなくなった棚田の中を進む。所々に石畳も残る味わい深い道を登ること約40分。植林された杉林の中に突如複雑に枝をくねらせる巨大な台杉が出現する。燃えさかる炎のような樹形で、スギの内に秘める怒りを体現したかのようなすさまじい樹形である。

　ここには1948（昭和23）年頃まで、旅籠（はたご）を営む吉村家の屋敷があったとされる場所。屋敷跡周囲のスギだけが異形であるのは、やはり人の手が入ったからであろう。京都や最上（もがみ）などでよく見られる台杉も、そのほとんどが人の手によって一度伐採された経緯を持つからだ。一般には防風林とされているが、人の往来が密だった昔には、何らかの理由で枝を切られて利用に付されていたのだろうと想像せざるを得ない。

　小辺路に突如姿を現す不動明王のようなスギ、これを名木と呼ばずしてなんと呼ぶのだろうか。

杉沢の大杉 　国指定天然記念物

福島県二本松市杉沢字平
幹周13.27m 　　樹高38m 　　樹齢1000年

　全国に数多いスギの中でも、その端正な樹形と旺盛な樹勢は他に類を見ない存在だ。
　完全な独立木であり、根元から先端部までさえぎる物なしに見られるスギであり、優美なスギとしては日本一といってしまっても良いかもしれない。
　目立った損傷もほとんどなく、かつては小さな空洞が西側に開いていたが、旺盛な樹勢によって樹皮が生長し、それも閉じられてしまったようで現在では見られなくなった。

　太平洋側に生長しているスギだが、そのルーツは日本海側のウラスギにあるといわれており、確かに枝のしだれ具合や葉の付き方などを見ると、ウラスギ系統の血を引いているようにも見えてくる。
　旧岩代町時代から受け継いだ二本松市の保護対策も極めて秀逸で、木道の設置状況、解説板の設置場所、周囲の植生や環境、資料館の存在など、素晴らしい保護を実践している点でも出色の存在といえ、その保護姿勢には学ぶべき点も多いと思われる。
　奇跡的に落雷の被害も受けたことが無いとされる本樹。この素晴らしい樹形を今後も長らく保ち続けてもらいたい、そう願わずにはいられない。

千手観音杉〈おばけ杉〉
せんじゅかんのんすぎ　　すぎ

静岡県賀茂郡東伊豆町奈良本
幹周5.6m　　樹高27m　　樹齢1000年

　伊豆半島天城山南麓の広大な台地上にあるスギの奇木。伊豆半島最高峰の万二郎岳から直線距離で約2kmほどの、誰も訪れないような山中にあり、徒歩によるアクセスでのみ行ける別天地でもある。
　周辺はいかにも伊豆といった感じのわさび田が点在し、天城山の火山灰と原始林で覆われた秘境の味わいのある場所。シラヌタ池入り口から約30分ほど歩くと行く手にこんもりとした小さな森が見えてくるが、この森の中心部に千手観音杉はひっそりと息づいている。
　このスギの過去に何があったのかは知る由も無いが、枝の数が半端ではなく多く、その枝がことごとく上を向く姿には畏敬の念を感じざるを得ない。下枝はすでに息絶え白骨化し、このスギをさらに神聖なものへと見せている。
　初めてこのスギを見た方は不気味さを感じたのだろうか、おばけ杉の名称が付けられた経緯も分かる気がする。
　共に訪れた友人は、「おばけ杉」では平凡すぎて面白味に欠けるとのことで、その姿から「千手観音杉」と命名したが、なるほど言い得て妙である。現在のネット上では千手観音杉と紹介する方も散見され、次第に一般化しつつあるようだ。
　大きさという点では第一級ではないが、周辺の環境の素晴らしさにも是非とも触れていただきたいスギの一本だ。

岩屋の大杉 　勝山市指定天然記念物

いやや　おおすぎ

福井県勝山市北郷町岩屋
幹周17.0m　　樹高33m　　樹齢・伝承1200年　　（環境省値）

　勝山市の西部、岩屋川をさかのぼった谷間に岩屋観音がある。境内の山林には巨石と巨木が数多く存在し、岩壁の洞穴や胎内くぐりの巨石など見応えも充分。
　大杉は本殿後方の斜面に生長し、中心部分に大きく口を開けた空洞があり、かつてはここに主幹がそびえていたのであろうか。今となっては当時の姿を想像するしかないが、さぞかし壮大な凄まじいばかりの樹形をもっていた事であろう。
　主幹を失ったことで、多くの枝葉を出さなければ生き抜くことができず、根元から幹が何本にも分かれて生長することをスギ自身が選択したのだ。現在見られる数本に分かれた樹形から、地元では"子持ち杉"とも呼び親しまれている。
　子持ち杉は、雪国のスギの特徴でもある枝が大きく下垂している姿が特徴で、地面に接触しそうなほど垂れてから再び立ち上がり、正面から眺めると、まるでマンモスが鼻を振り上げてこちらに向かって突進してくるような迫力がある。
　幹の太さは17mと、スギとしては全国でも最大クラスの太さをもっており、樹形は異なるが屋久島の縄文杉と比較してもけっして引けを取らない迫力の持ち主だ。
　岩屋地区も過疎化の波には勝てず、現在では無人の集落となってしまった。誰も住まない集落の守り神となった子持ち杉、いったい彼（彼女）は何を思い集落を見つめているのであろうか。

石徹白の大杉 <small>（いとしろおおすぎ）</small>　国指定特別天然記念物

岐阜県郡上市白鳥町石徹白河ウレ山
幹周13.8m　　樹高29m　　樹齢1800年

　白山登山道入り口に立っている日本有数の大きさを誇るスギの一本で、白山信仰と共に生き続けてきた御神木である。屋久島の縄文杉（じょうもんすぎ）確認以前においては、日本でもっとも巨大なスギであろうといわれ続けてきた。昔から12人ほどが手をつながないと幹を取り囲むことができないことから、「十二抱えの杉」などとも呼ばれていた。
　白山登山者にとってはこのスギに安全を祈願してから登りはじめ、無事に下山するとスギにお礼を告げて去っていく、そんな白山信仰登山の番人のような役割を果たしていたスギなのだ。
　樹皮はほとんどがはげ落ち、地衣類が表面を覆いつくし白っぽい樹皮へと変貌を遂げており、スギとしては異例の、まさに神々しいまでの樹皮の白さを誇っている。上に向かう枝もことごとく先端が白骨化しており、幹の南北に残るわずかな樹皮だけが生きている状態である。
　以前は支柱により支えられていたが、現在ではそれも取り除かれている。以前から見たいと思っていたが、2015年秋、運良く石徹白の大杉が紅葉する姿を見ることができた。もちろんスギは紅葉しない……着生した木々が美しく紅葉していただけなのであるが。
　台風一過の抜けるような青空の下、思いっきり石徹白の大杉を満喫できた至福のひとときであった。

杉の大スギ　　国指定特別天然記念物

高知県長岡郡大豊町杉
幹周15.0m　　樹高68m　　樹齢3000年　　（環境省値）

　日本最大のスギというと「縄文杉」を真っ先に思い浮かべる方が多いだろう。縄文杉発見以前は、岐阜県の石徹白の大杉と、杉の大スギが最大のスギであろうとされてきた。スギの単木としては2本しかない特別天然記念物にも指定されており、古くより著名なスギであったことは間違いないようだ。

　杉の大スギは、現在は高知県中北部の大豊町にあるが、合併前の村名は大杉村といった。近くを通る土讃線には大杉の駅名が残っており、地元もJRも新町名の大豊には変更せずに大杉のままとなっている。
　スギは南北に2株で立っており、南側のスギがひとまわり大きい。南大杉は3枚の板状の根をもっており、かつて脇に成長していた小さなスギを飲み込んで成長したものだろう。
　特筆すべき点はその樹高で、昭和の頃には文化庁の資料で68mと報告されており、これは日本でもっとも背の高い樹木として認識されていたようだ。私が行ったレーザー計測器での実測では52m。先端部が落雷の影響で白骨化が進行しており、残念ながらかつての高さは失ってしまったようだ。しかし、この台風銀座といわれる高知県で、よくぞここまで究極の生長を遂げたものだと感心せざるを得ない。

山五十川の玉杉
やま い ら がわ　たますぎ

国指定天然記念物

山形県鶴岡市山五十川字碓井266
幹周11.50m　　樹高32m　　樹齢1500年

　山形県が誇るスギの名木である。遠方より望むと玉のような半球形の樹形をしており、ここから玉杉の名前が付いたといわれている。樹勢はまことに旺盛で、斜面に生育するために根の生長がとくに盛んで、根の上に乗るような形で鎮座していた熊野神社本殿も、根の肥大につれ傾きが激しくなり、ついにスギから50mほど離れた場所へと移築されてしまったほどだ。
　お盆の時期にだけスギがライトアップされるといい、山五十川集落の西側から望むと、周囲の杉林から一本だけ抜きん出た玉杉の姿がぽっかりと浮き上がる。
　根回りの巨大さと樹形の壮大さは、数あるスギの中でも間違いなく一級品であると断言しても良いであろう。ほぼ完全な形で成長したスギの巨樹として貴重な存在で、スギが好きな方は、このスギは是非とも見ておくべき一本であろうか。
　東根の大ケヤキとともに、山形が誇る日本を代表する巨樹といえるだろう。
ひがし ね

高森殿の杉
たかもりどん　すぎ

高森町指定天然記念物

熊本県阿蘇郡高森町高森3341-1
幹周10.46m　　樹高38m　　樹齢・伝承400年

　阿蘇の大きなカルデラの南東麓、黒岩峠につながる細い道に入りしばらく行くと左右に大きな牧場が開けてくる。やがて右手の谷間にこんもりとスギが立っているのが見え隠れして来るが、これが高森殿の杉である。
　雄木と雌木の2本が並んで立っているが、どちらのスギも特徴ある姿をしており、人によっては長時間滞在するのさえはばかられると言われるほどの不気味さをかもし出しているのである。双方のスギとも樹齢400年を越すとされている。この場所は高森城主高森伊予守惟直及び三森兵庫守能因の自刃の地として伝えられ、樹下には墓標とおぼしき板碑が祀られており、現在に至るまでスギの下で年に1回、子孫の方たちにより祭りが行われているそうである。
　東側の雌杉は、数本のスギが根元で癒着した女性らしい優しげな姿をしているが、西側のスギは地上3mより数多くの横枝が張り出し、まるで怨念でも籠もっているかのような暴れた枝ぶりで、この世に未練を残しながら自害していった城主の魂が宿っているかのようである。枝の中には地面に下垂し、地面に触れた部分より新たな幹となって立ち上がる姿を見せつけ、執念のようなものを感じさせる。
　このスギたちにはどのような過去が隠されているのであろうか、興味はつきない。

清澄の大スギ　国指定天然記念物
（きよすみ）（おお）

千葉県鴨川市清澄３２２－１　清澄寺境内
幹周15.0m　　樹高45m　　樹齢・伝承1000年

　南房総の古刹・清澄寺は771（宝亀2）年の創建で、日蓮が修行した寺として著名。清澄寺の仁王門をくぐると、本堂前広場の正面にひときわ高く清澄の大スギがそびえ立っている。土地の人びとはこの木を「千年スギ」とも呼んで親しんでいる。

　樹高は実測で45mを測り、いかにもスギらしい力強さと優美さを兼ね備えた巨樹といえるであろう。カリフォルニアなどに成長するセコイアデンドロンとうり二つで、さすが同じスギ科の兄弟である。

　1954（昭和29）年の大風により、近くに並び立っていたもう一本の大スギが倒れた際、今も残る大スギの南側の枝をそぎ落とすように倒れたために、枝と一部樹皮を失う被害を被ってしまった。その際の補修の痕跡が現在も痛々しく残っている状態である。必死の手当ての甲斐あって樹勢に衰えは見られないようだが、樹形を著しく損なってしまったのは残念。

　屋久島の縄文杉や高知県の杉の大杉など、日本を代表する幹周の太いスギは、他のスギと合体して生長したものが多く、清澄の大スギは完全な一本のスギが最大にまで生長した存在として、たいへん貴重な存在といえそうである。

中川の箒スギ　国指定天然記念物

なかがわ　ほうき

神奈川県足柄上郡山北町中川７０２
幹周11.35m　　樹高41m　　樹齢2000年

　関東では清澄の大スギとならんで著名なスギの巨樹。丹沢の山懐に生育しているスギで、北に丹沢山塊を背負う形となり、季節風の影響も少ない絶好の場所に立っている。

　県道76号線の新箒沢隧道を抜けると、前方には直幹高くそびえる箒スギの雄姿が飛び込んでくる。その雄大な姿に気持ちが高ぶる瞬間だ。ちなみに、新箒沢隧道の翼壁には見事な箒スギのレリーフが刻み込まれているのでお見逃しなく。

　1972（昭和47）年に起きた集中豪雨では、上流から襲ってきた土石流が箒スギによって二方向に分かれ、集落への被害を軽減したといわれる。それ故に地元の人びとの箒スギへの思いは特別な思いがあり、現在でも参拝や清掃などが定期的に行われている。

　2003（平成15）年には、西側の主幹に寄り添う形で生長していた大枝がそげるように折損。おそらく成長過程で他のスギを飲み込んだと思われていた幹だが、樹形に幅をもたせるように見せていた枝であっただけに、失われたのは残念。幸いなことに樹勢には影響がないようで、現在でも名木の名に恥じない素晴らしい樹形は健在である。

三川の将軍杉 　　国指定天然記念物

新潟県東蒲原郡阿賀町岩谷
幹周12.7m　　　樹高36m　　　樹齢1400年

　現在環境省のデータベースでは縄文杉を差し置いて日本一とされているスギである。しかし、その樹形をご覧いただくとお分かりと思うが、台杉仕立てのような根元から分かれた樹形である。このスギの本来の幹周は根元部分の計測が望ましいだろう。その数値が上記の値であり、ほぼ見た目の大きさを表現しているように思われる。
　将軍杉は磐越西線五十島駅から徒歩15分、曹洞宗平等寺の境内のはずれ、眼下に岩谷集落を見下ろすように立っている。地上1mほどのところから6本の大きな支幹に分かれ、中心の幹は1961（昭和36）年の第二室戸台風によって折れてしまい、トタンの板で覆われている状態。
　スギの周囲には木道が設けられ、根元にはウッドチップを敷き詰め、保護姿勢は充分なものである。樹勢は旺盛であり、一株の杉でありながら、まるで森であるかのような大きな樹冠をもっている。旺盛な繁茂ぶりを呈しており、根元へ射し込む光はさえぎられ木道は昼なお暗い様相を呈している。
　将軍杉の名称は、この地で晩年を過ごした平安時代の将軍、平維茂の墓碑として植えられたという逸話から呼ばれるようになったそうである。

洞杉
どうすぎ

富山県魚津市三ヶ杉ノ尾
幹周16.05m　　樹高24m　　樹齢500年

　魚津市の南方、北アルプス山裾の南又谷山林内に30m超のスギがあることが発表されたのは2004年6月のこと。縄文杉をはるかに上回る30mの太さに驚いたが、実際に洞杉を見て株立ちを合計した数値であろうことを瞬時に理解した。
　洞杉はそのほとんどが大きな転石を抱くように生長しており、特殊な環境下に育っているのが特徴である。立山から美女平に至るまでに見られる立山杉の仲間と見られ、幹の内部が空洞になっているものが多いことから、洞杉と呼ばれるようになったといわれている。
　最大とされる洞杉も大きな岩の上に生長し、赤褐色の樹皮の紋様が印象的で、凄まじいまでの根張りを見せて立っている。まだまだ樹齢は若そうで、500年ほどの未だ成長期にあると見た。
　一部の洞杉には日本海側のウラスギに希に見られる気根が生長しているものもあり、大変貴重な存在といえるだろう。
　富山県の北アルプス山麓をさらに詳しく調べると、とんでもなく大きなスギが発見される可能性も否定できないのではないだろうか。

岩倉の乳房杉 _{島根県指定天然記念物}

島根県隠岐郡隠岐の島町布施
幹周9.12m　　樹高28m　　樹齢800年

　別名「巨樹の島」とも呼ばれる山陰隠岐の島。この島には世にも奇怪なスギが存在している。旧西郷町より布施村へ向かう道を6kmほど上ると、島内最高峰大満寺山の北斜面に出る。一帯は島の中でも有数の豊かな自然が残る場所で、トカゲ岩などの景観や自然観察が気軽に楽しめるエリア。
　この大満寺山の中腹に岩倉神社があり、鳥居の奥に幽玄な姿でたたずんでいるのが岩倉の乳房杉なのだ。全国に数多いスギの巨樹の中でも、その特異な姿は他に例がないほどで、このスギを見に行くだけでも隠岐の島に行く価値があるといえそうなほどの存在感を誇っている。
　乳房杉はスギには珍しい「気根」が無数に垂れ下がり、長いもので2.6m、太さは周囲2m以上に達しており、現在でも成長を続けているといわれている。この気根の先端から乳白色の液が出ることがあり、地元では母乳の神様として、乳飲み子をもつ母親からは特に親しまれていたそうだ。
　山奥に鎮座する岩倉神社。毎年4月23日には布施地区の住民によって例祭が執り行われており、時代は移り変われども、巨樹を敬う人びとの心に変化はない。

八村杉
やむらすぎ

国指定天然記念物

宮崎県東臼杵郡椎葉村十根川
幹周13.6m　　樹高53m　　樹齢800年

　宮崎県の山間部に位置する椎葉村は、民謡ひえつき節で知られる秘境。平家落人の隠れ里でもあり、八村杉のある十根川集落は全国でも珍しく平家と源氏がたがいに仲良く暮らした地としても知られる。

　利根川神社に空高くそびえる八村杉は、源氏方の那須大八郎宗久のお手植えと伝えられ、樹齢は800年とされている。那須大八郎宗久と平家の姫である鶴富姫との悲しい物語が、この八村杉には語り継がれているのだ。

　ある程度老齢となったスギは樹冠が丸みを帯びるが、この八村杉は800年たった現在でも未だ鋭角の頭頂部をもち、まだ成長期にあるのは驚きだ。樹高も実測で全国トップクラスの53mを計測した。西側根元部分わずかに空洞の開口部が見えているが、それもありあまる樹勢によって閉じようとしているほどである。

　スギとして完璧な樹形をもち、ここまで端正な姿のスギは他に無いとまで断言できる名木中の名木である。あまりにも巨大で全容を見ることは不可能なことに加え、端正すぎる樹形のため、何度訪れても満足行く写真は撮れずじまいである。まだまだ八村杉には通い続ける事になるであろうか。

尾八重の一本杉 <small>西都市指定天然記念物</small>

宮崎県西都市尾八重
幹周6.5m　　樹高25m　　樹齢450年

　尾八重地区は、西都市域の深い山中にあり、一ツ瀬川の支流・尾八重川最上流の集落。山の習俗を色濃く残す尾八重神楽で知られ、静かな山里の風情をただよわせている集落だ。一本杉は、尾八重集落のはずれ、旧街道の尾根上に位置しており、かつては街道を行き交う人びとも、このスギの根元で一息入れつつ、山を越えていったのだろう。
　地形の影響で四方から風が吹き荒れる場所でもあり、過酷な自然条件下に育ったためか樹高も伸びず、自然と枝も幹の下方にまとまって発生したようである。そのため表情は荒々しく、まっすぐに天を突くように伸びるスギのイメージとはあまりにもかけ離れた姿である。
　かつては、山の神としても信仰されていたようで、錆び付いた巨大な刺又が祀られているのが印象的。付近の神社にも刺又を祀る風習が伝わっているようで、この地方独自の風習でもあるようだ。
　一本杉の根元を通過する山道は、昔は南郷村に至る交通の要衝として尾八重地区を発展させてきた。一本杉は、数百年もの間、尾八重の盛衰を見つめ続けてきたのであろう。

楠、樟
（クスノキ）

蒲生の大クス <small>国指定特別天然記念物</small>

<small>かもう　おお</small>

鹿児島県姶良市蒲生町上久徳　八幡神社境内
幹周24.22m　　樹高30m　　樹齢・伝承1500年
（環境省値）

　全樹種含めて日本最大の幹の太さを持つ巨樹として知られているクスノキ。幹周は24mを越え、根回りにいたっては33m以上の大きさを誇っており、これは畳約50畳ほどの大きさと同じだと聞けば、その巨大さも想像できるであろうか。

　いかにもクスノキの巨樹らしく根張りが非常に発達しているため、重量感豊かで威風堂々とした姿はいつ見ても迫力満点の一言。根元に立って梢を見上げると、その存在感、迫力には誰しもが圧倒されるにちがいないだろう。

　この大クスにも20年前あたりから樹勢にかげりが見え始め、治療が必要な状況に陥ってしまった。1991（平成3）年の通称リンゴ台風では周囲のスギの大木が何本も折れてしまったが、この大クスは相当数の枝を失いながらもなんとか耐えきった。

　1996（平成8）年度からは樹木医指導のもと、ついに樹勢回復事業が始められることとなる。大クスの根の周囲を掘り起こすと、かつて使用されていたコンクリート塊やU字溝などが出てきて、根の発達の妨げになっていることも判明。これらをすべて撤去し、周囲の土壌も入れ替えを実施。根元の上には観光客向けに木道が設置され、数年にわたって行われた樹勢回復処置も終了。

　近年では葉の数が見違えるように増え、樹冠の面積もかなり増大したようだ。今後も元気な姿を見せ続けて欲しいものだ。

寂心さんのクス

熊本県指定天然記念物

熊本県熊本市北区北迫町618
幹周17.1m　　樹高30m　　樹齢・伝承800年

　九州の中でも熊本県は多種多様な巨樹が息づいており、巨樹王国とも呼べるような地である。その中でも突出した存在がこの寂心さんのクスであろうか。何度訪ねてもこのクスノキはのびのびと枝を伸ばし、葉はそよ風に身を任せて葉擦れの音を奏で、気持ちよさそうに見えてくるのが常だ。

　大きさ、樹勢、樹形、枝張り、威厳どれをとってもクスノキの中では一級品で、総合バランスでは間違いなく日本最高のクスノキの一本であると思われる。1991（平成3）年の19号台風、別名リンゴ台風によって大枝を失うなど被害を被ってしまったが、旺盛な樹勢にも後押しされ現在ではほとんど傷も癒えて、訪問するたびに葉の数が増え驚異的な生命力を見せつけてくれる。

　樹冠の広大さに関しては、もはや説明の必要もないほどで、ただただ驚くばかりの大きさ。樹下に憩う人の姿は、まるで豆粒のように感じられてしまうほど。

　何時訪れてもきっちりと整備された保護姿勢には感心させられる。地元の方々のクスに対する思い入れが強烈に伝わり、訪問するごとに心が癒やされ活力を分けあたえてくれるようだ。

本庄の大クス

国指定天然記念物

福岡県築上郡築上町本庄1641-1
幹周20.35m　　樹高22m　　樹齢1900年

　JR築城駅より南西方向に約10km、下本庄を通る県道からも雄大な樹冠が見え、すぐそれとわかる大クス。大楠神社の陽だまりのような明るい境内に、どっしりと根を張っている姿は圧巻の一言。
　1901（明治34）年に、浮浪者によって洞の中で焚かれた火が引火し、大半が焼失してしまうという痛ましい火災が発生。しかし奇跡的に芽が吹き出し、徐々に樹勢は回復し現在の姿まで生長してきた。大クス神社参道側より望むと大きく根を張り、クスノキらしい重量感ある姿だが、裏に回ると一転、火災によって樹皮のほとんどを失った大きな空洞が目に飛び込んでくる。ほとんど半身だけで生き延びていることがわかる。
　このクスに会いに来るたびに思うことだが、幹周などにとらわれない木の本来のもつ大きさは、日本一とされる蒲生の大クスよりも大きいと感じる。
　この大クスにも樹木医らの手によって治療が施された。2009（平成21）年から6年をかけ根元の土の入れ替え、支柱などの改良を行った。効果はすぐに表れ、明らかに葉の緑も増え生き生きとした表情に映るのは頼もしい限りだ。
　日本を代表するクスノキの一本、これからも元気な姿を見せ続けて欲しいものだ。

衣掛の森　湯蓋の森　　国指定天然記念物

福岡県糟屋郡宇美町宇美
衣掛の森　　幹周18.54m　　樹高29m　　樹齢2000年
湯蓋の森　　幹周15.31m　　樹高23m　　樹齢2000年

　宇美八幡宮の境内はクスノキが30本ほど生い茂り、なかでも樹齢2000年と推定される「湯蓋の森」(71ページ)「衣掛の森」(70ページ)と呼ばれるクスノキは、日本有数のクスノキで古来よりご神木として信仰を集めている。
　この二本のクスノキには神功皇后にまつわる伝説が残されており、「湯蓋の森」は、応神天皇誕生の際に、茂った枝葉が産湯の上に蓋のように覆っていたことから呼ばれるようになったと伝えられる。また、「衣掛の森」は、枝に産衣を掛けたとされ「衣掛の森」と呼ばれている。
　衣掛の森はかなり衰えが見られるが、ティラノサウルスのような樹形は迫力満点。今にも動き出しそうな錯覚を覚えてしまう。湯蓋の森は樹勢も旺盛。拝殿の東側に控え、参詣者のほとんどがその巨大さに驚きの表情を見せている。
　私が事務局を務めている全国巨樹・巨木林の会の九州観察会で宇美八幡を訪れた際、宮司さん自らクスノキの解説をしてくださり恐縮してしまったことがある。ひょんな事からカメラ談義で意気投合、幹周の計測も許可いただき、会員さん総出で計測した経緯がある。
　宇美八幡宮は、まさにクスの森に囲まれた緑のお社。いつまでも残しておきたい素晴らしい鎮守の森である。

加茂の大クス <small>国指定特別天然記念物</small>

徳島県三好郡東みよし町
幹周14.43m　　樹高22.5m　　樹齢1000年

　JR徳島線阿波加茂駅の北東、吉野川の段丘上にあるクスノキで、国の特別天然記念物に指定されている。幹周だけをいうならば同程度のクスノキは全国に数多くある。しかし、なぜ特別天然記念物であるのかは、実際に眺めてみれば瞬時にして理解できるであろう。
　加茂の大クスは、典型的な半球状の樹冠を維持しており、原野にただ一本巨大な樹冠をもち、孤塁を守ったかたちで立っており、その均整のとれた姿は無二の存在である。遠くからの眺め

　もまことに素晴らしい。緑濃い森と見間違いそうなスケールの大きさに圧倒されること間違いなし。四国三郎と呼ばれる吉野川が運んでくる肥沃な土壌と、南国の温暖な気候とがあいまって、ここまでの成長を可能とさせたのであろう。
　かつて主幹が落雷によって失われ、上へ伸びるはずのものが横へと生長し、大きく張り出した枝張りは直径70mにも及んだともいわれる。古来より度重なる吉野川の大洪水や落雷、台風にも敢然と生き抜いてきたものの、人間による環境の変化には万策つき果てた状態だったのだ。そこで町では周囲に広がる水田を買い入れて、土を入れ替えするなど根の保護対策をしたところ、樹勢がみるみるうちに回復したという。
　根元は「大クス公園」として整備されており、クスノキは嬉しそうにのびのびと枝を伸ばしているのだった。

川棚のクスの森 　国指定天然記念物

山口県下関市豊浦町川棚下小野
幹周11.47m　　樹高24.5m　　樹齢1000年

　JR山口県の名湯、川棚温泉にあるクスノキの巨樹である。国指定のクスノキの中で幹の太さは抜きん出て太い訳ではないが、このクスノキの最大の特徴はその樹冠の大きさにある。国指定天然記念物に指定された理由も、その最大に発達した樹冠の大きさにあるということで選定されたのであろう。
　幹を太らせるよりも枝に養分を蓄え、極限にまで発達した樹冠をもつに至ったのであろう。一部の枝は地面に接触し、そこに根を出し新たな幹として生長している。川棚のクスの森と呼ばれる経緯も、大きく広がる枝ぶりから一本の木でありながら、あたかも森のように見えるため、この名がついたとされているほどだ。
　一時期は整備も行き届かずに荒れ放題となったこともあったが、時代とともに整備も充実。2013 (平成25) 年3月には、下関市によって行われていた「川棚のクスの森保護整備工事」も完了した。
　20年ほど前、初めて訪問した頃は梢の下で、近所の農家が朝に収穫した野菜を販売したりと、住民同士のコミュニケーションの場でもあった。クスノキの下にたたずむと心が和んでくるのが感じられる。寄らば大樹の陰とはよくいったもので、クスノキは地域住民の心の拠り所でもあったのだ。

清田のクス　国指定天然記念物
せいだ

愛知県蒲郡市清田町下新屋91　国指定天然記念物
幹周11.92m　　樹高26m　　樹齢1000年

　愛知県最大のクスノキの巨樹。付近一帯は、かつてはクスノキの樹海で埋めつくされた地であったようで、ミカン畑の面積拡大や宅地開発によりクスノキは伐採されていき、最後に残った一本が現在見られる清田のクスノキなのだとか。
　2015（平成27）年の盛夏、15年ぶりくらいに訪問しても周囲の環境はそのまま保たれていた。クスノキの隣にお住まいの方と意気投合し、時のたつのも忘れて談笑させていただいたが、樹木医による治療が行われた際のエピソードなどもお教えいただき、心からこのクスノキのことを愛しているのがひしひしと伝わって来た。気がつくと２時間近くも談笑していたようだ。それほどまでにこのクスノキを愛してやまない方々であった。
　清田のクスは見る方向によって表情を変える木で、どっしりとした姿かと思うと大きな腹を抱えて反り返ったような姿にも見え、少々ユーモラスな樹形でもある。巨樹が生育する条件として、水が豊富でよどまないこと、山から平地への移行地点であることが生育に適している条件として挙げられる。清田の大クスは、蒲郡市内を流れ下る西田川のゆるやかな扇状地の上に乗っており、まさにそうした絶好の場所に根を張っているのだ。

引作の大楠　三重県指定天然記念物
ひきつくり　おおくす

三重県南牟婁郡御浜町引作
幹周14.94m　　樹高30m　　樹齢1500年

　三重県最南部に近い御浜町にあるクスノキ。三重県最大の樹木であり、また紀伊半島でももっとも大きな木ということになる。地上5m付近より5株の大枝に分かれ大きく樹冠を広げていたが、2007（平成19）年9月29日に北側の一本を折損してしまい、樹姿のバランスを崩してしまった

枝が折れる前

　のは惜しまれる。急斜面上にあり、神社の参道や拝殿を造るために少々根元を埋めて整地されたようだ。かつての姿はどのような姿だったのであろうか。
　折れた枝は神社入り口付近にテーブルとして使用されており、空洞と年輪の様子が手に取るように分かる。また、田辺市の南方熊楠(みなかたくまぐす)顕彰館内の1階休憩コーナーと2階の交流・閲覧室にもそれぞれ設置されているので、是非見ておかれることをお勧めしたい。
　かつてこのクスノキは、近くにあった7本のスギとともに伐採される運命であった。これを知った南方熊楠は、当時内閣官僚であった柳田國男(やなぎたくにお)に伐採の中止を働きかけ、クスノキだけは伐採をまぬがれたという経緯がある。

志々島の大クス 香川県指定天然記念物

香川県三豊市詫間町志々島172
幹周11.64m　　樹高28m　　樹齢・伝承1200年

　志々島は詫間港の北西5.5kmにある周囲3.8kmの小さな島。小さな志々島の大きなシンボルともなっている巨樹、それが志々島の大クス。周辺の海域は良好な漁場で、1945 (昭和20) 年頃の最盛期には島民1000人を数えたこともあるという。現在は過疎化が進み、島民は十数名とか。

　港から古い町並みを抜け、いきなりの急坂を約25分登ったところに大クスはあり、地面と平行に伸びる大枝が大きく手を広げ、雄大な樹形をもつクスノキであった。昔からの環境がそのまま保たれており、手入れも十分に行き届いている。かつて地滑りがこのクスノキを飲み込んだといわれ、根元付近は今でも埋もれた状態であるという。根元から枝分かれする奇妙な樹形の謎が解けたようだ。

　もちろん樹勢も申し分なし。大クスの眼下には瀬戸内海が眺められる風光明媚な所にあり、まるで時が止まったかのような素晴らしい空間であった。2015年に訪問の際は、小豆島で開催された巨樹フォーラムの後に友人数名と訪問したのだが、事前に三豊市の職員さんが島に我々が訪問することを知らせてくださっていたらしく、休憩所でコーヒーとオリーブの塩漬けをご馳走いただけたのには大感激！　一生忘れられない思い出となった。

阿豆佐和気神社の大クス〈来宮神社の大クス〉

国指定天然記念物

静岡県熱海市西山町43-1
幹周18.25m　　樹高36m　　樹齢・伝承2000年

　JR来宮駅の裏手に見える、こんもりとした鎮守の森の主である。新幹線や東海道線の車窓からも一瞬だが眺めることができる鎮守の森だ。
　来宮神社の参道を行くと、参道半ばで大きなクスノキの巨樹が右手に現れるが、これは第二大クスと呼ばれるものであり、目的の大クスは拝殿左奥に重量感豊かな姿で控えている。環境省データベースにおいては幹周23.9mとされ、日本で第2位の巨樹とされているが、実際にメジャーを当ててみると、やや小ぶりな数値が計測された。
　途中から2本に分かれて生長しており、正面左側の幹はすでに枯死してしまっている。右の株は健全で、樹高高く未だ若々しい姿を保ち続けている。樹齢2000年といわれるだけあり、その樹皮に刻み込まれた皺は歴史を感じさせるもの。さまざまな動物や、男女の象徴までもが刻み込まれているという。
　かつては周辺に7本の大クスがあったとされるが、現在ではこの一本のみが残るばかりとなってしまった。近年ではパワースポットとしても知られるようになり、多くの参拝客でにぎわっている。この巨大な幹を一周すると寿命が一年延びるともいわれ、周囲を巡る人の姿も後を絶たない。

薫蓋樟
くんがいしょう

国指定天然記念物

大阪府門真市三ツ島1374
幹周13.15m　　樹高22m　　樹齢1000年

　関西の巨樹で忘れてはならない一本、それが薫蓋樟であろう。1989（昭和64・平成元）年に実施した「大阪みどりの百選」では一番人気の票を集めたとされており、関西では古来より巨木のクスノキとして知られた存在だった。
　門真市三ツ島のこみいった住宅街の中にそびえており、けっして広くない神社境内の中をこれでもか！　といわんばかりに枝を広げている。神社が先にあったのか、クスノキがあったから神社を建立したのかは定かではないが、クスノキが先に存在し、神木として祀るために神社をもってきたといった方がしっくり来そうだ。
　ほとんど枝に支えを必要としない若々しい樹勢も健在、住宅街の中でこれだけの樹勢を保っているのは驚異の一言だ。クスノキの木肌に直接触ることができるのもうれしい配慮だ。第二京阪道路が200mほどのところを通っているが、樹勢に大きな影響を及ぼしてないのはなにより。
　大クスの根元にある千種有文の歌碑『薫蓋樟　村雨の　雨やどりせし　唐崎の　松におとらぬ　楠ぞこのくす』と詠んだ歌が名称の由来だといわれている。根元部分に盛り土をしている形跡があるが、本来の根張りが現れたならいったいどれだけの大きさだったのであろうか。

水屋の大クス

三重県指定天然記念物

三重県松阪市飯高町赤桶2507
幹周16.02m 　樹高31.5m 　樹齢1000年

　水屋神社は長い歴史を持つ三重県中西部の古社。古くは伊勢と春日の境とされているほどの要衝であった。神社裏手を流れる櫛田川中に礫石と呼ばれる石があり、国分け伝説が語り継がれている。

　境内はクスやムクなどの古木が林立し、フクロウやムササビも生息する素晴らしい巨木の森を形作っている。樹名板も各巨木に掲げられており、巨木に関して造詣が深い神社でもあるようだ。この鎮守の森の主が社殿裏手にそびえる水屋の大クスである。

　円錐形状の広大な根張りを持っており、根元の周囲30mにもおよぶ雄大な根張りが最大の特徴で、直幹起立し樹高も高く非常にスマートな印象をあたえるクスノキの巨樹だ。樹下に立つと広い樹冠に陽射しが雄大に広がった樹冠の緑によってさえぎられ、日中でも薄暗いほどの繁茂ぶりを示している。

　2005年にはフランスのブルゴーニュ地方に水屋神社の分社が創建されたが、これも御神木の大クスが取り持つ縁なのだそうだ。水屋神社は巨樹に会いに行くだけではなく、歴史的な見所も多く巨樹のみならず、歴史ファンをもうならせる魅力に満ちあふれる歴史ある場所といえそうだ。

大谷のクス

国指定天然記念物

高知県須崎市大谷
幹周18.7m　　　樹高20m　　　樹齢1300〜2000年

　須崎市のリアス式海岸の良港である野見漁港から北に300mほど行くと、山裾に須賀神社の大きなクスの樹冠を抱いた鎮守の森が見えてくる。道路に覆いかぶさるように枝を伸ばしているのが大谷のクスである。一本から分かれたのか、それとも数本が合体してできたのか、幹が複雑すぎてそれすら分からないクスノキの巨樹だ。

　クスノキにしては根の発達があまり見られず、荒々しい姿が特徴。おそらく高知県という土地柄、度重なる台風により幹の折損が相次ぎ、本来のクスノキの樹形とはかなりかけ離れた樹形を見せているが、まさにこの姿こそが台風との戦いによって作り上げられたものといっても過言ではないのだろう。

　道路に面した側には大きな空洞があり、内部には乳幼児の成長や健康祈願に御利益がある楠神様が祀られており、幹の空洞内に参拝者が入れるようになっている。

　もう5度ほど訪問したが、ベンチの設えられた境内にはいつも人が集い、笑いが絶えなくほのぼのとした雰囲気。神社が地域住民の社交の場として機能しているのであろう。

武雄の大楠

武雄市指定天然記念物

佐賀県武雄市武雄町大字武雄5330
幹周20.0m　　樹高30m　　樹齢・伝承3000年　　（環境省値）

　武雄市の市街地の中に位置する武雄神社の御神木である。日本でも有数のクスノキの巨樹で、市街地にありながらここまでの大きさに成長した貴重な例といえるだろう。端正な姿をしたクスの巨樹が多い中で、このクスだけは己のもつ感情を樹姿に表現しているかのよう。そのすさまじい形相は、ほかのクスでは見られない印象的なものだ。

　急斜面に位置しているために、荷重のかかる低地面側の幹は巨大なコブや深いシワなどで覆われており、見るからに老樹の雰囲気。

　幹には上部にまで通じる大空洞が口を開けており、中は20人ほどが入れる空間となっており、祠が祀られている。伝承によると、樹齢は3000年を経たものとされているが、やはり寄る年波には勝てないのであろうか。最近では少し強い風が吹くと、木の上部からギイギイと鳴き声とも悲鳴ともつかない樹皮の擦れる音が聞こえてくる。枝葉の量も以前と比較すると寂しくなってしまった。

　周辺の環境は良く整備されているが、何とかこの素晴らしいクスノキを後世に伝える手立てはないものだろうか。

川古のクス　　国指定天然記念物

佐賀県武雄市若木町大字川古
幹周21m　　樹高25m　　樹齢3000年

　武雄温泉で有名な武雄市は、巨大なクスノキが3本存在している地としても知られている。全国最大クラスの一本「川古のクス」、市街地にある「武雄の大楠」、「塚崎の大楠」の3本で、全国最大クラスの巨樹が3本もそろう町は全国でも武雄市のみである。
　川古の大楠は約1200年前、名僧行基の手によって生きている樹肌に直接仏像を彫られるなど、数奇な運命をたどってきたクスノキでもあり、ほぼ等身大の大きさの彫刻は、当然ながらこの樹の樹勢をもうばってしまったと想像され、昭和後期には枯れ枝も目立ち樹勢も衰えてしまった。
　現在は水辺と大クスをテーマにした「川古の大楠公園」として綺麗に整備され、観光バス用の駐車場や地元に伝わる大蛇伝説のからくり人形劇が上演される「為朝館」が建設され、一躍武雄市の観光の目玉に押し上げられてしまった感がある。
　同時に大楠の保護も、以前とは比べものにならないほどの充実ぶり。樹木医の手によって治療を施されてからは、以前とは見違えるほどの回復傾向を見せており、雄大な樹冠も復活したのは嬉しいことだ。これからも私たちの目を楽しませてくれることだろう。

塚崎のクス <small>つかざき</small>　　国指定天然記念物

鹿児島県肝属郡肝付町野崎2243
幹周13.58m　　樹高20m　　樹齢1300年

　塚崎古墳群一号墳（円墳）の上に生長したクスノキである。20年ほど前、初めて訪問した際には管理もそれほど行き届いておらず、まとわりつく着生植物などにより樹皮はほとんど見えないような状況であった。そしてこのクスノキの最大の特徴である大きな空洞がぽっかりと口を開け、不気味な雰囲気をかもし出しているのであった。

　それから10年後、周辺の木々は伐採され木道も設置され、着生植物も大半が取り除かれ、大クスの木肌をじっくりと眺めることができるようになっていた。「ああ、あなたはこういう樹形をしていたのですか……」これがいつわらざる心境であった。

　大枝は数本残っているが、小枝の数が圧倒的に少ない状況で、かなり樹勢の衰えが見られる。

　幹は南側に大きく傾き生長しており、バランスをとるためか枝は逆方向に伸び、全体的に逆くの字型をしており特徴ある樹形だ。ハート型に見える開口部も凄みを感じさせる。2007（平成19）年度から樹勢回復のための処置が行われたと聞くが、功を奏してくれれば良いのだが。

欅、槻
（ケヤキ）

東根の大ケヤキ　　国指定特別天然記念物

山形県東根市本丸南1丁目
幹周15.77m　　樹高26m　　樹齢1500年

　全国に数多いケヤキの巨樹の中で、最大のものが東根の大ケヤキである。実測で幹周15.77mの大きさを誇り、2位以下のケヤキを大きく離して独走状態ともいえる、それほどまでに抜きん出たケヤキの巨樹である。樹形から完全な一本のケヤキではなく、南北の株で微妙に葉の色づき具合がちがうことからも、合体木ではないかとも考えられる。

　根元には大きな空洞を開いているが、樹勢には大きな影響をあたえていないようで、大きな樹冠を大量の葉で埋めつくす姿はまさに圧巻のひと言。

　かつてケヤキの周囲を舗装してしまった際に樹勢の衰えが進行し、その後一部アスファルトを撤去し、地下に水がしみこむ対策が講じられてからはみるみるうちに樹勢が回復、現在では元気な姿を取りもどしている。

　ケヤキのある東根小学校校庭には、かつて2本の大ケヤキがあったとされて、それぞれ雌槻、雄槻と呼ばれていた。現在残るのは雌槻の方で、雄槻は明治の中期に枯れてしまったとされている。一般に夫婦の巨樹は雄の方が大きいことが多いことから、もし雄槻が現在まで生きていたならば、どれほどの巨樹であったのか興味はつきない。

猿喰のケヤキ　茨城県指定天然記念物

茨城県常陸太田市徳田町
幹周9.02m　　樹高20m　　樹齢550年

　茨城県最北部、徳田町の三ツ目林道沿いにある、関東でも有数のケヤキの一本。
　林道と名が付いてはいるが、猿喰のケヤキまでは舗装も整備されており、乗用車でも問題なく行ける道なのはありがたい配慮である。
　何といってもこのケヤキの持つ樹冠の大きさには驚かされる。根元には巨大な岩とモミジの巨木を抱え込み、ほぼ違和感なくケヤキと一体化しているのだ。特に大岩は苔生して完全にケヤキの木肌と同化し、ケヤキの幹にできたコブと見間違えてしまうほど。秋にはモミジの深紅の紅葉がケヤキの紅葉にアクセントを付け、見事な自然の色彩美を演出してくれる。
　現在の林道は、かつては花園方面へと抜ける街道跡であり、数多くの旅人がこの場所を通ったとされる。ケヤキの根元からは清水がこんこんと湧き出し、旅する人びとの喉を潤していたであろうし、ケヤキが貴重な木陰を提供して、旅人からは憩いの場所として大切にされていたのではないだろうか。誰しも気になる「猿喰」というインパクトのある樹名であるが、伝承などにまつわるものではなく、この地域一帯の小字名とのこと。

根古屋神社のケヤキ　　国指定天然記念物

山梨県北杜市須玉町江草
畑木　　幹周12.30m　　樹高21m　　樹齢1000年
田木　　幹周11.20m　　樹高20m　　樹齢1000年

　根古屋神社の拝殿をはさんでケヤキが2本並び、しかも双方とも幹周が10mを越えているようなケヤキの存在する場所は、日本でもここだけであろう。拝殿に向かって右手にあるものを畑木（94ページ）、左手にあるものを田木（95ページ）と呼ぶ。それぞれ年によって芽吹きのズレが若干あり、畑木が早く芽吹くと畑作が、田木が早く芽吹くと稲作が豊作になるという言い伝えがある。

　双方とも根元に大きな岩を抱えていることは注目すべき点で、なにかしらの意図をもって植えられたものであろう。現在も山梨県各地に見られる丸石神信仰など、巨石信仰の盛んであった山梨県らしく大変興味深い。

　20年ほど前までは両木とも数本の太枝が残るのみで、素人目にも明らかに衰弱しているとわかるほど。まさに枯死寸前の状態であったが、近年樹木医によって集中的に治療が施された。

　現在では見違えるほどに枝葉の数も増え、どうやら最大の危機は去ったかのようである。保護柵も全国でも例を見ない連結式の移動できる柵を採用、なるほど、これなら根を傷める心配もないし、臨機応変に形状も変えられる。是非ともご覧いただきたい優れ物である。

野間の大ケヤキ　　国指定天然記念物

大阪府豊能郡能勢町野間稲地266
幹周14.15m　　樹高20m　　樹齢1000年

　日本を代表するケヤキの巨樹の一本。ケヤキは古木ともなると大きな空洞を抱えてしまい、主幹を失い樹皮だけで生きながらえている巨樹も少なくない。そんな中、この野間の大ケヤキは紛れもなく一本のケヤキが生長したものと見て取ることができ、しかも目立った空洞も開いておらず樹勢も旺盛だ。
　しかし、冬場になると分かるのだが、樹冠一杯に無数のヤドリギが寄生しているのが眺められる。水分や養分を親木であるケヤキから吸収しているため、当然ながらケヤキの樹勢をそいでいることとなる。数年に一度の頻度で取り除いてはいるのだが、予算不足でまだまだ追いついていない状況だという。
　そのヤドリギとの闘いの一部を隣接するけやき資料館にて目にすることが可能だ。小さな資料館だが、地元のおばちゃんが詰めており、貴重なケヤキの話をうかがうことができた。
　近年、野間の大ケヤキが大にぎわいする時期がある。春になるとフクロウとアオバズクが営巣するのである。多い日には800人もの人出があるという。フクロウの営巣にとっては格好の古木であるが、営巣の放棄とならないよう節度をもって眺めたいものである。

竹の熊の大ケヤキ　国指定天然記念物

熊本県阿蘇郡南小国町赤馬場
幹周12.72m　　樹高39m　　樹齢1000年

　九州では最大となるケヤキといっても良いであろう。ケヤキは東日本に巨樹が多く、伊那谷南部あたりから急激にその数が減り、関西以西ではまばらな分布となってしまう。古い時代に寺院や築城などでケヤキの大材が必用だったからである。

　そんな中、竹の熊の大ケヤキは幹周も12mをはるかに超え、全国的に見ても4位の大きさとなる代表的なケヤキである。その樹高も特筆もので、ケヤキの限界に近い40mに迫らんとする背の高さは全国でも有数なもの。私の実測では群馬県中之条にあるケヤキの40mに次ぎ、2位の樹高を持ったケヤキとして記録されている。

　さすがに寄る年波には敵わないか、東側の幹には台風で大枝が折損した痕跡が残り、他にも大きな枝を数多く落としてしまっており、残る大枝は2本のみという状態となってしまい、必死に生きているように映る。

　樹木医による治療も施され、20年前に初めて見たときより樹勢はわずかながら回復しているように見えるのは救いでもある。同じ熊本県内には、同じく国指定天然記念物の「妙見のケヤキ」があったが、2006年に倒伏してしまった。

菅山寺のケヤキ
かんざんじ

滋賀県指定自然記念物

滋賀県長浜市余呉町坂口字大箕山
幹周7.12m　　樹高20m　　樹齢1000年余

　菅山寺は、菅原道真公が幼少の頃に過ごした寺として知られた古刹。明治以降は衰退して無住の寺となったが、1912（大正元）年に保勝会が組織され、残るお堂の改修と保存がなされてきた。しかし、そこはアクセスが不便な山中、寺自身が自然の中へ帰ろうとしている、そんな雰囲気を漂わせているかのようだ。

　山門前にならび立つ2本のケヤキは、菅原道真公お手植えとも伝えられ、現在では訪れる参拝客もまばらで、自然の中にとけ込むように静かにたたずんでいる。今にも朽ち果てそうな山門の脇に2本が対峙する姿はまさに仁王像のようで、阿吽の呼吸でたがいに会話を交わしているかのようだ。山門下から見上げる姿は大きく根を張り力量感を感じさせ、周囲の緑と絶妙な調和を見せている。

　右手のやや小ぶりなケヤキは満身創痍の状態。左手のケヤキは健全に映るが、裏に回ると傷みが進行した状態であった。2本がならび立つ姿を眺められるのも、残念ではあるがあとわずかといった印象だ。

　徒歩だけでのアクセスとなるため保護も容易ではないだろうが、2014年には梵鐘が修復されたと聞く。これをきっかけに素晴らしいケヤキにも、どうか治療の手がさしのべられることを切に願うばかりである。

男池のケヤキ
おいけ

大分県由布市庄内町阿蘇野

幹周7.31m　　樹高26m　　樹齢推定500年

　九重連山のひとつ黒岳の北麓には「日本名水百選」に選定された「男池湧水群」があり、人間の手が加わっていない貴重な自然が残されている場所。阿蘇山や富士山、羊蹄山など大型火山山麓の湧水は名水が多いが、ここ男池も九重火山山麓に湧き出す名水である。

　その男池のほとりに大きな岩を抱えつつ生長した驚きの野生のケヤキが生きていた。その類い希な姿を見て、誰しもが驚きを隠せないであろう。何故わざわざ岩の脇にと思うが、根ざした場所を選べない植物ではそれも致し方ないことで、そんな苦境にも負けずに見事な巨木に成長している姿には賞賛を送りたい。さらに100年200年と時間が経つにつれ、根の表情も変化していくのであろうが、それを見届けることができないのは少々残念に思う。

　樹齢はまだ若く推定500年ほどであろうか、枝のほとんどが艶めかしく柔和な曲線からなっており、女性っぽい樹姿にも引き込まれる。2014年の雪によって大枝が数本折損したが、魅力は失われていない。九州では熊本の妙見のケヤキ、鹿児島の三州谷のケヤキとケヤキの枯死が相次ぐなか、男池のケヤキの存在は大変貴重なものだ。

お勧め巨木広葉樹

桜（サクラ）／栃、橡（トチノキ）／
榕（アコウ）／楓（カエデ）／
楠（タブノキ）／山毛欅、橅（ブナ）／
先島蘇芳木（サキシマスオウノキ）／
椎木（シイノキ）

三春滝桜 <small>みはるたきざくら</small>　　国指定天然記念物

福島県田村郡三春町大字滝字桜久保296番地
幹周7.9m　　樹高19m　　樹齢1000年　　　（環境省値）

　もはや解説も必要のない日本を代表するサクラの1本。
　岐阜県の淡墨桜（うすずみざくら）、山梨県の神代桜（じんだいざくら）とともに日本三大桜としても知られており、シダレザクラとしては日本で最大であるといわれている。
　名称の由来も、枝垂れる花の姿を滝に見立てて付けられたもので、サクラの根元に立ち上を見上げると、ピンクの花びらが滝のように流れ下る様は圧巻。
　4月中旬の開花時期ともなると観光バスなどが大挙して押し寄せ、大勢の花見客で大いににぎわいをみせる。東日本大震災直後には観光客の足も一時遠のいてしまったが、現在ではほぼ影響も無く以前の活況を取りもどしている。サクラが満開を迎えるとライトアップも行われ、日本人であるならば、是非一度はこのサクラを愛でておきたい、そう思わせるサクラの一本であろう。
　滝桜の周囲をぐるっと回る歩道が整備されており、360度どの角度からも眺められるよう作られている。正面は、まさに垂れる枝の懐にまで入ることができるように配慮も行き届いており、滝桜の素晴らしさを満喫できる。平成14年の台風、平成17年には雪害で枝が多数折れたのだが、幸いにも樹形に大きな変化はなく、現在も優美な姿を保ち続けている。

吉高の桜
よしたか　さくら

印西市指定天然記念物

千葉県印西市吉高930

幹周6.85m　　樹高10.6m　　樹齢300年以上　　（解説板値）

　ヤマザクラも1000年近くも生きる長寿の桜として知られているが、桜の巨樹といえばほぼエドヒガンが上位を占めてしまう。その中で一本気を吐くヤマザクラが吉高の桜であろう。知る人ぞ知るヤマザクラの巨樹なのである。

　まだ若々しいヤマザクラの巨樹で、ソメイヨシノの開花より遅れること約一週間、可憐（かれん）なピンク色の花を咲かせる。ヤマザクラは開花と同時に葉を出すために、花の見頃が2〜3日と短く、満開の状態を見ることはなかなかむずかしいといわれている。

　大きく枝を広げた樹形から、満開時にはこんもりとしたピンクの小山を見ているかのよう。

　その圧倒的な風格と、神さびた色合いはソメイヨシノにはない優美さをも兼ね備えている。周囲に植えられた菜の花とのコントラストも綺麗（きれい）で、一本桜だけにどこから眺めても優美な姿に変わりはない。桜の周囲に遊歩道も整備され、満開時には車の乗り入れも規制されるなど管理も行き届いている。今後、ますます注目を集めそうな山桜の巨樹であろう。

山高神代桜

国指定天然記念物

山梨県北杜市武川町山高2763　実相寺
幹周10.6m　　樹高13m　　樹齢・伝承2000年
（環境省値）

　日本武尊が東征した際に植えたと伝えられる神代桜。もちろんこのことが名前の由来にもなっている。1922（大正11）年にサクラとしては第1号の国指定天然記念物となったことからも、当時より日本を代表する桜の一本であることをうかがい知ることができる。岐阜の淡墨桜、福島の三春の滝桜とともに、日本三大桜のひとつに数えられる巨樹でもある。

　樹齢は2000年とも伝えられ、すでに幹は崩れ去らんばかりのボロボロ状態で、数本の枝がかろうじて余命を保っているに過ぎない状態に見える。しかし、花の時期になると他の桜よりも明らかに白い花を枝いっぱいに咲かせる姿は何とも健気である。

　過去には、もう今年は咲かない、余命は3年、そんな噂が花の時期が近づくと毎年のように聞かれたのだという。

　2003年からは樹木医による樹勢回復工事が行われ、根元を通る道も桜を迂回するように移動、根元の盛り土部分を撤去し土の入れ替えも行った結果、2015年現在では見違えるほどに花の量も増えたようである。まだ予断を許さないが、今後も我々を楽しませて欲しいところである。

醍醐桜
<small>だいござくら</small>

岡山県指定天然記念物

岡山県真庭市別所2277
幹周7.56m　樹高18m　樹齢1000年

　旧落合町の中心部より車で約30分。吉念寺(きつねんじ)集落への長い坂道を上りつめると、あたかも、このサクラのためだけにしつらえられたかのような小高い丘が見えてくる。
　そして、丘の頂上付近に中国山地の山々を見下ろすかのように、醍醐桜は悠然と姿を現す。樹齢1000年ともいわれるエドヒガンの大木で、周囲は何にもさえぎられない貴重な一本桜で、地元では大桜と呼ばれ親しまれている。
　醍醐桜という名称は、むかし後醍醐天皇が隠岐(おき)に流される際にこの地に立ち寄り、あまりの美しさに愛(め)でたところから、醍醐桜と呼ばれるようになったともいう。
　「岡山の山中に醍醐桜あり」と、その名を知られ、開花の時期は大勢の花見客でにぎわうようになった。例年の満開は4月10日前後で、地元の方々の配慮で、細い集落への道を一方通行にしてまで見物客を迎え入れる努力には頭が下がる。
　周辺には桜の名木も数多く、桜の里の様相も呈している。西日本屈指の桜の名木といってもいいだろう。

太田の大トチノキ
（おおた）（おお）

国指定天然記念物

石川県白山市大道谷
幹周12.78m　　樹高24m　　樹齢1300年

　日本最大とされているトチノキである。アクセスの林道もかなり整備され、普通乗用車でも何とかたどり着ける巨樹となった。かつてのうっそうとした森林内にある雰囲気とは一変、明るく整備され、こんな山奥に木道まで設置されているのには驚いた。空洞上部を覆っていた大きな蓋状（ふたじょう）のものは取り除かれ、すっきりした印象。最近の樹木治療は水を避けない方向へ向かっているようで、好結果をもたらしているようだ。
　空洞内から臨むと骨と皮だけの状態であるが、樹勢はまだまだ旺盛である。その重量感豊かな姿をこれからも固持し続けてほしいものだ。近年、林道をはさんで5分ほど登った地点にもう一本のトチノキが確認された。その名も「太田の子トチ」である。子トチと名付けられているほどであるから、それほどの期待は抱けないと誰しも思うところであるが、何とそれは素晴らしい見事なトチノキであった。樹勢も旺盛で樹形も見事である。是非とも併せて訪問したいところである。

君尾山のトチノキ きみのおさん　　京都府指定天然記念物

京都府綾部市五津合町大ヒシロ
幹周10.82m　　樹高23m　　樹齢2000年

　綾部市(あやべし)の君尾山中にあるトチノキの巨樹。またの名前を幻の大トチともいう。交通網が発達していなかった昔には、たどり着くのも大変だったこと、冬場には積雪が3mにも達することから付けられた名前であろう。標高約450mの君尾山中に位置しており、現在でも20分ほど徒歩でのアクセスが必要となる。

　トチノキは西側斜面の沢の源頭部付近にあり、すぐそばにはカツラの巨木もあるように湿潤した雰囲気が漂う場所で、トチノキの生育場所としては申し分ない。トチノキは大きな空洞を抱えて立っており、ほぼ半身を失った格好なのだが、それでも10mをはるかに超える幹の重量感はさすがだ。

　古い時代の落雷によって主幹を失ったとされ、現在は3本の幹が命の火を点(とも)し続けており、最も太い1本は横に、残る2本は万歳するかのように大きく天に向かって枝を突き出している。もう幹を太らせるほどの余力は残していないようだが、空洞に沿って新しい樹皮を生長させており、必死に生き延びようとしている姿には驚きであった。この枝を失わない限り、大トチはこの場所に居座り続けられるだろう。思わずがんばれ！　と声をかけずにはいられなかった。

産湯のアコウ
うぶゆ

和歌山県日高郡日高町産湯

幹周11.12m　　樹高13.5m　　樹齢300年以内　　（環境省値）

　2016（平成28）年1月、環境省の調査で和歌山県御坊市に出向いた際、予定よりも早く調査が終わり日高町の産湯のアコウの調査もあわせて行った。天然記念物に指定された「産湯の榕樹」とは別に、超巨大な名称の無いアコウが存在していることは、以前にも訪れていて知っていたのだが、今回あらためてこのアコウを詳細に調査して腰を抜かすほどの驚きであった。これは間違いなく日本最大クラスのアコウといってもよいだろう。

　産湯川をはさんで対岸から眺めると大きな樹冠とともに、護岸のコンクリートに沿ってむなしく垂れ下がる大量の気根が特徴である。いざ樹冠の下に入ると陽射しはさえぎられ、薄暗い中アコウ独特の気根が入り乱れて生長する巨大な幹が、おどろおどろしいばかりに迫ってくるのであった。

　あまり周囲を整備されているアコウは見かけないのが常であるが、このアコウも例に漏れず、根元は自然の成りゆきのままである。そんな雑然とした中に大きく根を張った姿は、不気味さと異様さ満点、凄みさえ感じさせる迫力であった。アコウと聞くと四国や九州を連想するが、本州にもすさまじいまでのアコウが存在していた。

松尾のアコウ _{国指定天然記念物}

高知県土佐清水市松尾
幹周10.63m　　樹高21m　　樹齢300年

　どこに行ってもあまり大切にされない宿命のアコウだが、松尾のアコウはちがっていた。根元には車が乗り入れできないように改善され、周辺の雑草も綺麗に刈り取られており、見学者のために東屋までできているのは感心しきり。ここまで大切にされているアコウはまことに珍しく心強い。

　アコウの樹勢は旺盛で、傷みもほとんど感じられないほどの元気さを誇っている。

　解説板の数値を信じるならば、30年前に幹周9mだったものが、2010年の筆者の計測で10.6mにまで肥大しており、この生長の早さには驚くとともに脱帽である。このアコウは谷側にかなり傾斜して生長しており、山側の地面には巨体を支えるべく大きな板根を発達させ、谷に引きずり込まれないよう必死に踏ん張っている様子が手に取るように分かる。

　アコウは絞殺木とも呼ばれるとおり、ほとんどの場合、幹の中に宿主となった木を隠している。絞め殺された木は不幸であったとしかいいようがないのであるが、ここまで大きく育ったのであれば絞め殺されても本望であろうか。周辺3本のアコウを含め、松尾のアコウ自生地としての国指定天然記念物である。

西善寺のコミネカエデ　埼玉県指定天然記念物

埼玉県秩父郡横瀬町横瀬598
幹周3.8m　　樹高7.2m　　樹齢600年　　（西善寺ホームページ）

　西善寺は1429（正長2）年に開山した長い歴史を持つ寺院で、秩父盆地を見下ろすことのできる清々しい高台にある。秩父札所のひとつとしても知られ、八番の札所として数多くの巡礼者でにぎわいを見せているが、この寺には札所としてよりも、コミネカエデの名木があることで一般には広く知られている。
　コミネカエデは山門をくぐると目の前に現れ、本堂前の庭いっぱいに枝を広げ、モミジとは思えないような広大な樹冠を誇っている。寺の造りもモミジを優先して建てているかのような造りで、本堂正面にコミネカエデが正対し、四季折々の景色を本堂から眺められるような造りになっているのも素晴らしい計らいだ。
　春には新緑に包まれた若草色、梅雨時には全身にまとった苔がしっぽりとした雰囲気をかもし出し、11月に入ると武甲山から徐々に紅葉が降りてきて、コミネカエデも紅色に葉の色を変化させ見頃となる。全身が真っ赤に染まるのではなく、一部に黄色い色づきの葉が混じるため、素晴らしいグラデーションが楽しめる。冬には、特徴ある屈曲した枝に降り積もった雪が見事なモノトーンの世界を演出してくれる。
　何時間見ていても飽きのこない、本当に素晴らしいコミネカエデの巨木といえよう。

※樹種はコミネカエデとされているが、樹木医染野豊氏の鑑定によるとイロハモミジとのこと。

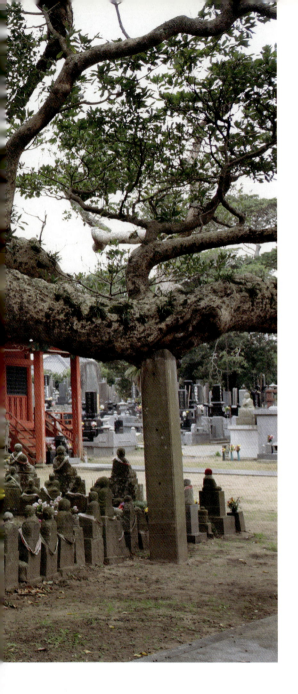

波崎の大タブ
はさき　おお

茨城県指定天然記念物

茨城県神栖市波崎3355　神善寺
幹周8.30m　　樹高13.5m
樹齢・伝承1000年

　海岸近くを好んで生育するタブノキ、波崎のタブも海岸線からは約1kmの距離に位置し、地面も砂状で、タブノキにとっては絶好の立地条件なのだろう。東日本大震災の津波もタブノキのあるところまでは遡上せず、被害を被ることはなかった。震災直後の宮城・福島現地調査に赴いた際も、タブノキだけは津波に飲み込まれていても問題なく生育を続けている姿には驚いたものであった。それほどタブノキは海と一心同体の木でもあるのだ。
　根元付近にある異様な大きさのコブがこのタブノキの最大の特徴で、巨大なスズメバチの巣が張り付いているかのようにも見えてくる。北方向に伸びた枝の長さも特筆ものといえるであろう。正面から見ると、タブ特有の肌色をした樹皮が目に付くが、裏側にまわると表情は一変、かなり腐朽しはじめていることに気がつくだろう。
　根元をぐるりと一周するように置かれたお地蔵さんが不思議な雰囲気をかもし出しているが、そのすべての地蔵がタブノキの方向へ向いているのも不思議な感じを増長させているようだ。

森の神〈ブナ〉
もり　かみ

青森県十和田市奥瀬
幹周6.01m　　樹高29m　　樹齢400年

　環境省の巨樹データベースにおいて、我こそ日本一のブナとして報告されているブナは、そのほとんどが合体木であったり、上部で幹が肥大したもの、枝分かれしたものがほとんどだ。
　森の神は、完全に一本だけでブナらしい樹形を保ち成長を続けたものとしては最大の幹周を誇り、ほぼ生長の限界に近い6mの幹周を計測した。
　周囲のブナが伐採されているにもかかわらず、この木だけが残ったのは、上部で幹が三幹に分かれているからだとされている。私の親友でもある東北巨木調査研究会の代表を務める高渕氏によると、かつて木樵たちの間では三本に分かれた木には神が宿るという考えがあり、頑としてこの木の伐採を受け付けなかったからだというのだ。
　2007年、その高渕氏より巨大なブナがあるとの一報があり、是非とも見て欲しいというのだ。早速現地調査に赴き日本一のブナであることを確認したのが本樹で、お互いに大歓喜したのはいうまでもない。その後、各媒体によって世に出た経緯があり、今となっては良い思い出となっている。
　後日、新たに解説板と保護の囲いが設置されたが、設置後数日のうちにツキノワグマが解説板に爪痕を残していったとのこと。自分のテリトリーに知らない物体が突如できたのと、ツキノワグマは無類のペンキの匂いが好きだということも相まってのできごとだろう。

仲間川の
サキシマスオウノキ

森の巨人たち100選

沖縄県八重山郡竹富町
幹周3.6m　　樹高20m　　樹齢400年
（現地解説板による）

　サキシマスオウは奄美大島以南に見られる常緑高木で、西表島の仲間川上流に日本最大と思われるサキシマスオウが生育している。沖縄ツアーのパンフレットには、必ず写真が載っており、「ああ、あの木か！」と思われる方も多いことであろう。すっかり有名になってしまった感のあるサキシマスオウだが、写真では本当の大きさが伝わっていないのが残念だ。実際に出会ってみると、その破格の巨大さに誰しもが驚愕するであろう。なんといっても地際の周囲が35.1mもあるのである。
　かくいう私もそれほどの期待はせずに遊覧船に乗ったのであるが、その姿を見たとたんに浮き足立ってしまった。遊覧クルーズでの訪問であり、撮影の時間は10分ほどしかない。しかも周りは観光客ばかりだ！
　緊張とあせりから、写真はまともなのが撮れていないのは分かっていたが、パソコンに取り込み写真を見ると大いに落胆した。この時ばかりは完全に私の敗北であった。
　サキシマスオウをじっくりと観察するには、一本あとに出る遊覧船で帰らなければ、まともな写真は撮れそうにない。未だに再訪は果たせてないが、再び沖縄へ行くときにはリベンジを心に決め、船頭さんとの交渉に挑むつもりである。

称名寺のシイノキ
しょうみょうじ

国指定天然記念物

宮城県亘理郡亘理町旭山1
幹周10.85m　　樹高11m　　樹齢600年

　本堂に向かって左手の斜面にあるスダジイの巨樹。周囲のお墓をすべて覆いつくすほどの勢いで枝を広げて立っている。もともとスダジイは福島県の太平洋沿岸地域までが自生の北限であり、このスダジイは北限を越えて生長していることとなり、明らかに人の手により植栽されたものだといえる。
　根元の土が流れ出てしまい大きく根が露わになっている状態で、シイノキの古木に見られる板根の発達も顕著で樹勢は旺盛。寒冷なこの地でよくぞここまで生長したものと感嘆せざるを得ない。墓地内にはやや小振りのスダジイがもう一本、こちらも近年宮城県の天然記念物に指定された。南が開いた斜面に位置し、日照時間も長く温暖なため、ここ宮城県でも元気に生長しているのであろうか。まだまだ生長しそうな、そんな勢いを感じさせるスダジイの巨木である。
　東日本大震災で大きな被害を被った亘理町、称名寺は海岸からは約7kmほど内陸にあるため津波による被害からは逃れることができたが、津波は寺の東方約1kmの所まで迫っていたという。

安久山のシイ　匝瑳市指定天然記念物

千葉県匝瑳市安久山
幹周12.1m　　樹高11m　　樹齢1000年

　匝瑳市の北部、安久山は里山の風景をよく残す丘陵地にある集落。シイノキは平山家庭内に根を下ろしており、シイノキの巨大な樹冠で覆いつくされた庭は、昼なお暗い様相を呈するほど。スダジイの老木に顕著な板根の生長が著しく、高さは人の背丈ほどもあるのには驚きを隠せないだろう。自らの巨大になりすぎた体躯を支えるために根を板根状に変化させ、大地をしっかりと噛むように支えているかのようだ。幹の表面を、うねり絡み合いながら伸びる板根のなんとグロテスクなことか。
　シイノキのすぐ傍らには昔懐かしい谷戸に通じる小道があり、木々に覆われた丘陵の谷間に細く水田が広がっている。猛禽類（タカ）が頭上を横切ることも珍しくないのだとか。これぞ日本の原風景、自然と共生した里山の景観といえるだろう。この豊かな自然が残された地に根付いた本樹、これからも長らく元気な姿を見せてくれることであろう。
　（拝観には家人の許可を得てください。大変ご親切に案内していただけます。駐車場も手作り、頭が下がります。）

御蔵島の大ジイ
みくらじま　　　　おお

東京都御蔵島村南郷
幹周13.79m　　　樹高24m　　　樹齢800年

　1996年に確認された日本一であろうスダジイの巨樹。島内でも普段は誰も立ち入らない南郷の海食崖近くの、古くには神山と呼ばれた地点に立っていた。調査隊に運良く私も同行していたのだが、先導していただいたガイドである日野氏の「おお、凄いのがいるぞ！」と叫んだ声が今も脳裏から離れない。御蔵島の大ジイの発見の瞬間でもあった。

　神山と呼ばれる地点にあることから、かつては神木として祀られていたにちがいない。根元にはオオミズナギドリの穴状になった巣が多数あり、長年の連鎖でかなりの根上がり状態、しかも凄まじいばかりの板根を発達させ立っていた。

　幹周は1.3mの高さで15mを測ったが、根上がりであるため地上2.5m付近の幹周を板根を除いて計測し直し、13.79mの幹周の値を得た。板根を除いたために数値はかなり控えめだが、木全体の迫力と大きさは他のスダジイの巨樹よりも圧倒的に大きく、そして雄大だ。

　現在、御蔵島といえばイルカと泳げる島、巨樹の島として知られることになったが、その一翼を担ったのが、この大ジイなのだ。主幹が折れている状態での発見だったため、樹勢が衰えて来ているのは悲しい限りだ。

　ひっそりと数百年もの間、オオミズナギドリとともに日々を暮らしてきたこの巨樹。数百年ぶりに人間と再会を果たして、いったい何を思っているのだろうか。

志多備神社のスダジイ

島根県指定天然記念物

島根県松江市八雲町西岩坂1589
幹周11.85m　　樹高16m　　樹齢1000年

　かつて隣の鳥取県にある伯耆の大ジイとの、我こそが日本一のスダジイといいあう争いがあり、巨樹の先駆者で画家の平岡忠夫氏の行司役によって、両者一位となった経緯のある木である。現在では東京都御蔵島で最大のスダジイが確認されてしまったが、その歴史、重量感においては今でも日本有数のスダジイの名木であろう。
　地上約2mあたりから10本ほどの幹に分かれ大きな樹冠を形作っている。毎年11月に行われる桑並地区の伝統行事「総荒神祭り」で稲わらで作られた、長さ40mほどの大蛇が巻きつけられているのが最大の特徴であろうか。
　出雲地方では、樹木に藁蛇が巻き付いたものを荒神と呼ぶそうだが、古い大蛇は取り除かず、その上から新しいものを巻き付けることにより、荒神を封じ込める意味もあるのだとか。出雲という場所から考えると、まぎれもなく八岐大蛇のことを意味しているのであろう。南側の枝分かれの部分に目をやると、荒神の大きく開いた口が見える。まぎれもなく八岐大蛇だと私は見た。是非とも荒神の存在を頭に入れてから、このスダジイをご覧いただきたいものである。

お勧め巨木針葉樹

樅（モミ）／柏槇（ビャクシン）／
一位、櫟（イチイ）／檜翌檜（ヒノキアスナロ）／
椹（サワラ）／榧（カヤ）／黒檜（クロベ）／
松（マツ）／檜（ヒノキ）

喋石のモミ　中之条町指定天然記念物

群馬県吾妻郡中之条町大字大道246
幹周7.88m　　樹高31m　　樹齢700年

　かつては全国3位に甘んじていたモミの巨樹。しかし樹形をご覧いただくとおわかりいただけるであろうか、かつては紛れもなく10m近い幹周を誇っていたであろうと思わせる樹形をもっているのだ。
　多分、過去には2本のモミが合体していたものと思われるが、その相方のモミが何らかの理由で朽ち果てて消失、そこにぽっかりと大きな空洞が現れたのではないだろうか。半身を失った状態で立っている姿は非常にアンバランスで、かつては風が吹くだけで根元付近よりギイギイと悲鳴ともつかない音を立てている状態であった。
　3年ほど前の夏、落雷がモミを襲い、頂部の幹2本が焼けてしまい白骨化が進んでしまった。樹勢の衰えを懸念した中之条町が早速治療に着手してくれたのはうれしい限り。
　根元に隣接していた石垣を撤去し、空洞内の腐朽部分も取り去り軽量化を施し、それ以来、樹勢は徐々に回復傾向にあるようだ。また、この対策には思いもよらぬ副産物もあった。根元をかつての姿に復元すべく、石垣を撤去したことにより根元部分の位置が低くなり、新たに計測を行ったところ幹周788cmを測ることとなり、日本一のモミとして君臨することとなった。
　現在では根元からの悲鳴のような音も収まり、空洞に沿って新しい樹皮も生長しつつあり、まだまだ元気な姿を見せてくれそうだ。

追手神社の千年モミ

国指定天然記念物

兵庫県篠山市大山宮302
幹周7.85m　　樹高34m　　樹齢1000年

　高知県の「新玉様のモミ」とまったく同じ幹周(780cm)で報告され、環境省調査で日本一と認定されたモミの巨樹であった(2014年に群馬県中之条町の噂石のモミに1位の座を明け渡す)。
　頭頂部は落雷の影響であろうか、寸が詰まったような樹形をしているが、モミらしい真っ直ぐな樹形は保っている。現在の姿でも迫力十分の姿なのだが、かつては50mほどの樹高をもっていたと想像され、その姿を是非とも目に焼き付けてみたかったのが正直なところ。幹の下部にある枝にもたくさんの葉を茂らせており、1000年生きてきたとは思えないほどの旺盛な樹勢を誇っている。

樹皮は左にねじれながら生長し一種独特な風貌を呈している。日本一と認定されてから4年後、めでたく国指定天然記念物の指定を受けることとなった。
　2011(平成23)年に訪問した際、篠山市役所の方が数名現地調査を行っている場所に遭遇したのだが、どうやら新たな保護対策を検討しているようであった。旺盛な生命力をいまだ誇っており、そう遠くない将来、日本一の座を奪い返すのは間違いないだろう。

沼のビャクシン

館山市指定天然記念物

千葉県館山市沼443　十二天神境内
幹周6.64m　　樹高12m　　樹齢800年

　館山市市街地から車で約10分。沼サンゴ層の案内板に沿って訪問するとたどり着けるであろう。ビャクシンは十二天神社の社殿前に立っており、地上2mあたりより数幹に分かれ、広大な樹冠を誇っている。
　ここまで大きく生長したビャクシンの中では異例ともいえるほどの樹勢を誇っており、2mほど高く土を盛った境内から垂れ下がる枝は、根元よりもさらに下へと伸びているほど。根元を埋められる以前の姿は、斜面に生長するため大きく根を広げ、さぞかし雄大であったろうと想像される。主幹を傾けて立っているのはその証拠であろう。
　2010（平成22）年には樹木医により治療が行われ、着生植物などが取り除かれた。
　関東の三大ビャクシンを決めるのであれば、神奈川の建長寺のビャクシン、城願寺のビャクシンと本樹が間違いなく選ばれるであろう。
　沼地区周辺は約6000年前のサンゴの化石を含む沼層と呼ばれる地層を広く見ることができる。その当時、天神社前の細長い谷戸は珊瑚の見られる入り江だったのであろう。はるか昔に思いをはせ、のどかな風景の中で物思いにふけるのも良いだろうか。

宝生院のシンパク
〈ビャクシン〉

国指定特別天然記念物

香川県小豆郡土庄町北山412
幹周17.3m　　樹高17.5m　　樹齢・伝承1500年

　小豆島はオリーブと二十四の瞳で知られる島。しかし、巨木好きには縄文杉、蒲生の大クスとならんで是非見ておきたい巨木がある島でもある。その巨木が宝生院のシンパクである。
　大きく三株に分かれて生長しているが、自らの体躯が大きくなりすぎて裂けたものと思われる。それぞれの断面が、あまりにも同じ形状であるのだ。2015年に行われた樹木医による診断の際も、重さに耐えきれずに割れてしまったようだと判断した樹木医もいたようである。
　一番細いと思われる地際の幹周が17.3mを計測したことからも、いかにこのシンパクが巨大であるかご理解いただけるであろうか。日本に生育する針葉樹で、おそらくこれだけの樹冠の広大さをもつ樹木は他にないであろう。1500年もの長きに及ぶ樹齢を誇り、幹には深い皺を刻み込んでいる。十数種類の動物が幹表面の皺に見られるといわれており、樹皮の中に亀、猿、龍、インコ、虎、象、赤ちゃんなどを探す観光客も多い。
　応神天皇お手植えと伝えられており、その史実が本当であるならば樹齢は1600年あまりとなる。全国で単木の国指定特別天然記念物指定は9本しかないうちの一本、日本の宝ともいえそうな巨樹であろう。

黄金水松〈イチイ〉　北海道指定天然記念物

北海道芦別市黄金町764
幹周6.55m　　樹高19m　　樹齢1700年

　全国有数のイチイの巨木。北海道や東北では一般にイチイのことをオンコと呼んでいる。墓標として植えられることが多く、北海道では生け垣としても利用され、庭木としても珍重される木である。
　寒い地を好む樹木で、北海道から東北、岐阜や長野の標高の高い地などによく見られる。たいへん長寿を誇る樹木で、私感であるが、日本最古の樹齢を持つ木はイチイではないだろうかと考えているほどである。樹齢1000年を超えるイチイは、ほとんどの場合に幹の一部が白骨化した状態となるが、こと黄金水松に限ってはその兆候はさほど感じられない。
　主幹が折れた痕跡が認められるが、それを補うために幹の途中からたくさんの枝を出し、旺盛な樹勢を確保しているようだ。
　本州中部地方以北にはイチイの巨樹は数多く存在しており、黄金水松はイチイの中で全国7位の幹周とされているが、樹勢や樹姿、風格を総合的に判断すると、この黄金水松は間違いなく日本一のイチイといえそうだ。

喜良市の十二本ヤス〈ヒノキアスナロ〉

五所川原市指定天然記念物

青森県五所川原市金木町喜良市
幹周7.10m　　樹高33m　　樹齢800年

　日本三大美林は木曽ヒノキ、秋田スギ、青森ヒバとされているが、青森ヒバは藩政の頃より、留山として伐採を制限していたため、三大美林の中でももっとも広い面積が残っている。
　一般にはヒノキアスナロとも呼ばれるヒバ、その中でもっとも太く見応えのあるヒバは十二本ヤス以外には考えられないだろう。
　根元は完全に1本であるが、地上3mほどから12本の幹に分かれ、それぞれ天を突く様は迫力満点。魚を突き刺すヤスの姿に似ているところから、十二本ヤスと名前が付けられたとされる。不思議なことに12本に分かれる枝は、新しく1本が生長を始めると1本が枯れてしまい、けっして12本以上とはならないのだそうだ。裏に回ると表情も一変、ヒバらしい茶褐色の樹皮が目に飛び込み、宇宙人のような厳つい不気味な姿にも見えてくる。
　東北の巨樹らしい、厳寒の雪の中に一人たたずむ姿を写真に撮りたいと考えているが、未だに実現できていない。これからも通い続ける事となる巨樹の一本であろう。

沢尻の大ヒノキ〈サワラ〉
さわじり　おお

国指定天然記念物

福島県いわき市川前町上樋売字上沢尻
幹周9.93m　　樹高27m　　樹齢800年

　ヒノキと呼ばれているが、実はサワラである。
　サワラとしてはおそらく日本一であると思われ、サワラの自生北限に近いこの地で、よくぞここまで育ったものである。周辺は緩傾斜地の水田となっており生育環境も申し分なし。周りにはまったく他の樹木はなく、完全な独立木として生長している。第一印象は、円錐形で整って樹形を保っているが、サワラにしてはちょっと背が足りない印象を受ける。つまり幹周の割には雄大さに物足りなさを感じるのだ。
　樹勢にもやや陰りが見え始めており、頭頂部付近は葉の量が少なく一部白骨化も進んでいる状態で、今後の樹高の生長は厳しそうである。このため幹を太らせる方向へと樹自身が方向転換したのであろうか。樹高の中程あたりは、これでもかというほどの繁茂ぶりで、樹下に入ると薄暗いほどで、枯れ枝に取り囲まれ不思議な感覚に陥る。
　かつては幹全体にツルマサキ、キヅタなどが絡みついていたが現在では綺麗に処理され、樹冠内に入るとサワラ独特の茶褐色の幹が目に飛び込んできて印象的だ。

西平のカヤ　埼玉県指定天然記念物

埼玉県比企郡ときがわ町西平
幹周6.67m　　樹高21m　　樹齢・伝承1000年

　全国に数多いカヤの中でも、名木中の名木といっても差し支えないカヤの巨樹の一本。
　幹周など、このカヤよりも大きなものはたくさんあるが、その雰囲気、樹形、どれをもってしても一級品なのだ。周囲の植林されたヒノキも、このカヤが枝を伸ばす空間だけは遠慮しているのか、ぽっかりと空間を空けて控えているかのようだ。木々たちの間でも、カヤの神域だけは神聖な場所として認識されているかのようで、まことに不思議な空間を作り出している。
　近年、カヤまでの道が整備され歩きやすくなったが、根元付近は以前のままでほぼ自然の成り行きに任せてある。初めて出会った20年前の姿と比較すると、やはり枝の折損などが目立ち樹勢の衰えは隠せないが、それでも鬼気迫る迫力と存在感は失われずにいるのはありがたい。息を切らして山道を登った苦労が報われる瞬間でもある。
　ときがわ町は「巨木の里ときがわ」と銘打って、巨木による観光に力を入れている町。素晴らしくよくまとまった巨木の里MAPは是非手に入れたいところ。

平湯大ネズコ〈クロベ〉　森の巨人たち100選

岐阜県高山市奥飛騨温泉郷平湯
幹周10.25m　　樹高21m　　樹齢1000年

　林野庁の森の巨人たち100選に選定される以前、平湯温泉まで出かけ探し求めた樹だったが、当時は知る人もほとんどなく、目的は達せずに肩を落として帰ることとなってしまった苦い思い出の残る木であった。
　2003年にオフ仲間と連れだって再び訪問。キャンプ場からは自然探索路が整備され、今度はまったく心配することもなく、急登となる山道をワクワク気分で登ることができた。途中でカモシカの出迎えを受けたのを思い出す。
　急登が終わると目の前に突如ネズコが現れる。第一印象は「でけぇ〜」、これがいつわらざる心境であった。
　1996年に、私も参加する調査隊が確認した山形県の「朝日のクロベ」よりも間違いなく数段大きいようだ。早速皆で手分けして実測に取りかかり、幹周10.25mを計測し、日本一のクロベであることを確認する。
　林野庁が立てた解説板には7.6mと、今時にしては珍しく何とも謙虚な数値であった。ネズコはというと、空洞や大枝の折れもなく、ほとんど傷みらしいものは感じられない。1000年を経たものとしては特筆に値する。またこれを編集して気が付いたのだが、標高1500m地点でのこれまでの巨樹は珍しく、東京都「大ダワのイチイ」山梨県「櫛形山のカラマツ」などに次ぐ高所の巨樹であろう。貴重な存在の一本である。

地蔵大マツ
じぞうおお

三重県指定天然記念物

三重県鈴鹿市南玉垣町5536-1番地
幹周6.78m　　樹高14.5m　　樹齢・伝承1400年

　全国で猛威をふるう松枯れ病、名だたる名松のほとんどがこの世から消え去り、まだ松枯れ病が侵入していない青森や、被害がまだ少ない東北北部にしか太い松は残ってないものと考えていた。が、ところがどっこい、三重県鈴鹿市の街中に驚異のクロマツが生き延びていた。しかも住宅地のど真ん中に、大きく枝を広げた優美な姿で。
　一部ではクロマツとアカマツとの交雑種のアイグロマツともされている。幹は数本が合体したものとみられるが、幹の重量感、質感とも文句なしの迫力。遠く離れて眺めても、大きく傘状に開く樹冠はいかにもマツといった雰囲気。これぞ名松と呼ぶにふさわしいマツといえるだろう。
　根元付近の幹は全体重を支えるためにうねりながら立ち上がっており、マツでこれだけの太い幹は感動を禁じ得ない。全体的に盆栽仕立ての雰囲気で樹高は低いが、葉の茂り具合も問題なく青々としている。現時点でマツクイムシの影響はほぼ受けていないようである。
　周囲を公園として管理しており、これ以上マツに近接した住宅が建設されることはないだろうが、この貴重な大クロマツ、是非とも末永く生き残って欲しいものだ。

大久保の大ヒノキ　　国指定天然記念物

宮崎県東臼杵郡椎葉村十根川
幹周7.82m　　　樹高39m　　　樹齢800年

　八村杉のある十根川集落を過ぎ、そのまま2.3kmほど山道を上ると標高700mの山腹にある小さな集落、大久保に到着する。全部で七戸ほどのひっそりとした集落である。
　大ヒノキは集落内の駐車場から徒歩5分ほどの距離。ヒノキと聞くと端正な樹形を連想しがちであるが、このヒノキに関してはその言葉は当てはまらない。このヒノキの特徴は、なんといっても幹に複雑に絡まる多くの枝と、東西に大きく枝を伸ばした雄大な姿だろう。
　かつては周囲を樹木に囲まれ全容は見えなかったが、周辺の木を伐採したことにより全容が明らかとなった。樹冠の直径はなんと30mにも達し、ヒノキとは思えない大きな枝張りを有している。幹はヒノキ独特の赤褐色を帯び、大きくうねりながら数多くの節を残しており、結果としてこれが伐採から免れた原因だと思うと感慨もひとしおである。
　最大といわれていた高知県の折合のヒノキが2014（平成26）年に最後に残っていた枝が折れたとの情報もあり、ヒノキ最大の巨樹として貴重な存在といえそうだ。
　大ヒノキはこの集落を開拓し住み着いた先祖の墓印であり、樹齢は800年と伝えられている。

あとがき

　巨樹関連の本が、書店にも結構ならぶ時代になってきた。巨樹を通して知り合った友人の中にも、何名か出版をしている方がおり、現在、鋭意執筆中の方もいる。

　ネット上に留まらず、実際に会って巨樹巡りを一緒に楽しんだ方も増えた。巨樹を通じて知り合った方も、北海道から沖縄まで数え切れないほどにまで増えた。

　最近ではパワースポットとしても巨樹が注目されており、新たな巨樹愛好家の方々が増えたのは、誠に嬉しい限りである。

　ここ数年は、女性誌からの原稿依頼もあったのには驚いた。また、小学生向けの月刊誌からも依頼があったり、写真を提供させていただくなど、巨樹に関心をもつ方々の裾野が広がってきたように感じる。

　私もリタイアまでには少々時間があるが、暇を見つけては巨樹との触れあいを求めていこうと思う。

リタイア後には、今までできなかった取材のスタイルも考えているが、内心少し楽しみでもあるのだ。若い頃のような弾丸取材のようなことはできなくなったが、身体の動く限り一生かけてのライフワークとして、今後も巨樹と向き合っていきたいと考えている。
　データベースで検索すると、幹周5mを超える巨樹の数は1万250本ほど存在する。自分がみてきた幹周5m以上の3300本は、まだまだ道半ば。三分の一でしかないのだ。

　本書を出版するにあたり、お声をかけていただいた新日本出版社の柿沼秀明様には大変お世話になった。
　この場をお借りして、厚く御礼を申し上げたい。

2016年3月14日　　高橋　弘

高橋　弘（たかはし　ひろし）
1960年　山形県生まれ、北海道育ち
1988年より巨樹撮影を開始と同時に幹周、樹高を実測
2016年現在、幹周5m以上の巨木3300本を撮影
巨樹、巨木のスペシャリスト
巨樹写真家として個展も多数開催
著書に
『日本の巨樹・巨木』新日本出版社
『巨樹・巨木をたずねて』新日本出版社
『ふるいおおきな木』チャイルド社
『神様の木に会いに行く』東京地図出版
『日本の巨樹』宝島社　　など
HP「日本の巨樹・巨木」　http://www.kyoboku.com/
は200万アクセスを超える人気サイト
奥多摩町日原森林館で解説員と環境省巨樹データベース管理を兼務
森林館環境省データベース　http://www.kyoju.jp/data/index.html

「東京巨樹の会」主宰
「全国巨樹・巨木林の会」会員
「日本火山学会」会員
「東北巨木調査研究会」顧問

千年の命　巨樹・巨木を巡る

2016年4月25日　初版

著　者　高橋　弘
発行者　田所　稔

発行所　株式会社　新日本出版社
　　　　〒151-0051　東京都渋谷区千駄ヶ谷 4-25-6
　　　　電話　03-3423-8402（営業）
　　　　　　　03-3423-9323（編集）
　　　　（メール）info@shinnihon-net.co.jp
　　　　（ホームページ）www.shinnihon-net.co.jp
　　　　振替番号　00130-0-13681
印　刷　光陽メディア
製　本　小泉製本

落丁・乱丁がありましたらおとりかえいたします。
© Hiroshi Takahashi 2016
ISBN978-4-406-06005-9 C0040 Printed in Japan

Ⓡ〈日本複製権センター委託出版物〉
本書を無断で複写複製（コピー）することは、著作権法上の例外を除き、禁じられています。本書をコピーされる場合は、事前に日本複製権センター（03-3401-2382）の許諾を受けて下さい。